여행하려고
출근합니다

여행하려고
출근합니다

글·사진 유의민

밀레니얼 직딩의 12개국 21개 도시 여행 에피소드

harmonybook

출근하는 여행자

"야, 우리 졸업하기 전에 해외여행 한번 가보자! 학생일 때 한번 나갔다 와야지."

대학시절 단짝 친구와 술 마시면 늘 하는 얘기였다. 하지만 학점관리하랴 스펙 쌓으랴 정신없었던 공대생들에겐 그냥 술자리 안주거리일 뿐이었다. 그렇게 4년이 흘렀고 우린 결국 떠나지 못했다.

대학 졸업 후 직장인이 되어서도 해외여행은 여전히 우리의 단골 안주였다.

"그때 그냥 질렀어야 되는데."

"그러니까, 한 것도 없이 서른이네."

서른. 서른이라는 단어가 유독 귀에 꽂혔다. 서른을 훌쩍 넘긴 지금이야 서른 뭐 별거 없다는 걸 알지만 그때만 해도 서른이면 왠지 어른이 되어야 할 것만 같았다. 성실한 직장인에 가정적인 남편. 친구들과의 술 한 잔은 줄어들 것이고, 혼자 어디론가 훌쩍 떠난다는 건 거의 불가능할 게 뻔했다. 한 달, 두 달, 서른에 가까워질수록 압박감은 점점 커져갔다. 쥐도 궁지에 몰리면 고양이를 문다고 했던가? 갈수록 거세지는 압박에 궁지에 몰리니 그제야 더 늦기 전에 떠나야겠다는 의지와 용기가 불현듯 치솟았다.

"야, 안되겠다. 당장 지르자. 또 후회할 순 없잖아!?"

스물아홉, 그렇게 첫 해외여행을 떠났다.

　뭐든지 처음이 어려운 법. 여권에 도장 한 번 찍고 나니 비어있는 페이지를 도장으로 빽빽이 채우고 싶은 변태 같은 욕구가 생겼다. 그리고 욕구를 참을 수 없었던 나는 결국 본격적으로 해외여행을 다니기 시작했다. 주말과 연휴를 이용해 연차를 붙여 떠나고, 운 좋게 해외출장이라도 잡히면 출장이라 쓰고 (대놓고) 여행이라 읽었다. 여행 횟수가 쌓여가면서 그동안 가져왔던 삶에 대한 가치관과 방식에 조금씩 변화가 찾아왔다. 자유롭고 미니멀한 삶, 그 안에서 소소한 행복을 느꼈다. 오로지 직장에만 목숨 걸고 아등바등 살아왔던 내 모습에 회의가 느껴졌다. 처음에는 누구나 겪는 흔한 여행 후유증 중 하나이겠거니, 그냥 순간의 충동적인 생각일 수도 있겠다 싶어 일단은 존버하며 계속 직장생활을 이어나갔다. 하지만 끝내 경력 5년을 채우기를 2달 앞두고 퇴사를 결정하게 됐다. 내가 좋아하는 일을 하면서, 내 가치관이 이끄는 대로 살기 위해서. 이유는 나름 진정성 있고 제법 그럴듯해 보이나 실상은 대책과 계획 따위는 없는 무작정 퇴사였다. 매일매일을 온전히 하고 싶은 일들로만 채웠다. 지갑 두둑하고 시간 널널한 백수에게는 거칠 것이 없었다. 하고 싶으면 하고, 하기 싫으면 안 했다. 오로지 본능에 충실했다. 그렇게 6개월을 보냈다. 반갑게도 그 사이 하고 싶은 일이 생겼다. 여행하고 글 쓰는 일이 하고 싶어졌다. 틈나는 대로 여행을 다니고, 다녀온 여행들은 브런치에 끄적였다. SNS에 여행 사진도 올리며 사람들과 소통했다. 그러던 중 위기가 찾아왔다. 지금까지 나의 유일한 동아줄이자 밥줄이었던 퇴직금이 바닥난 것. 이제는 지갑 얇고 시간만 많은 백수였다. 이 위기를 극복할 방법은 어떻게든 돈을 버는 것뿐. 배운 게 도둑질이라고 내가 당장에 돈을 벌 수 있는 일은 다시 직장인이 되는 길뿐이었다. 현실은 이미 코앞에 닥쳐있었지만 당장에는 받아들이기 힘들어 일단 계약직 아르바이트로 몇 달을 근근이 버티며 고민했다. 하지만 뾰족한 수가 없었다. 결국 다시 직장생활을 시작했다.

"직장생활하면서 여행 다니기는 좀 힘들지 않을까?", "여행은 언제 가고, 글은 또 언제 써?", "그렇게 해서 언제 지구 한 바퀴 다 돌래?"
다행스럽게도 내가 직장을 떠나 있는 사이 우리나라 직장문화도 많이 바뀌어 있었다. 주 52시간 근무제가 시행되고 워라밸이 트렌드로 자리 잡으면서 정시 퇴근을 하거나 휴가를 쓰는 데 있어 예전만큼 눈치코치가 필요하지는 않았다. 저녁이 있는 삶을 누릴 수 있고 떠나고 싶을 때 떠날 수도 있었다. 출근하면서도 얼마든지 여행하고 글을 쓸 수 있게 되었다는 말이다. 비록 지구 한 바퀴 다 도는 데는 꽤 오랜 시간이 걸리겠지만 작심삼일도 10번이면 한 달이니 짧게라도 자주 돌아다니면 언젠가는 지구 한 바퀴도는 날이 오지 않을까? 자고로 빨리 가는 것보다 중요한 것이 포기하지않고 끝까지 가는 것이라 했다.

어느 날 SNS에 올린 여행 사진과 글을 보고 한 친구 녀석이 오랜만에 댓글을 달았다.

"너 뭐 하는 얘냐? 직장인이냐? 여행가냐?"

아마 친구 녀석은 별생각 없이 단 댓글이었겠지만 나에겐 묵직하게 다가왔다. 나는 누구인가? 대댓글을 다는 데는 그리 오래 걸리지 않았다.

"나? 출근하는 여행자."

Contents

Contents

①

다시 찾고 싶은 싱가포르

서른이 되기 전에 떠난 내 생애 첫 해외여행

대학시절부터 벼르고 벼르고 또 별러왔던 해외여행을 드디어 떠나게 됐다. 서른을 3개월 앞둔 29.7살에. 나와 술만 마시면 떠나자는 말이 입버릇처럼 나왔던 대학 친구 석현이도 합류했다. 석현이 역시 해외는 처음. 서울 촌놈 둘이서 싱가포르에 가기로 했다. 포털사이트에 '초보 해외여행'이라 검색하니 안전한 치안, 깨끗한 도시, 편리한 교통, 많은 볼거리가 있어 초보도 여행하기 좋은 해외 TOP5에 랭크되어 있었다. 해외여행이 처음인지라 항공권과 숙소 알아보는 것도 익숙하지 않은 우린 묻지도 따지지도 않고 그냥 에어텔 자유여행 상품을 선택했다.

띵동! 결제가 완료되었습니다!

며칠 후, 여행 키트가 도착했다. 키트를 받으니 정말로 해외여행이라는 걸 가보는구나 실감이 났다. 그렇게 설렘 고문을 받으며 떠나는 날만을 기다렸다. 그리고 마침내 단군 할아버지가 우리나라를 세운 날, 우린 싱가포르에 도착했다.

#의욕만 앞섰던 첫날

숙소에 도착해 짐을 맡긴 후 여행을 시작했다. 여행 키트에 있는 싱가포르 여행 가이드북 추천코스대로 다니기로 했다. 첫 번째 코스는 머라이언 파크. MRT를 타고 래플스 플레이스 역에서 내려 약 10분 정도 걸어가니 순백의 사자 같은 인어 아닌 인어 같은 사자, 머라이언을 만났다. 머라이언 주변은 인증숏을 찍고 있는 세계 각국 사람들로 북적였다.

"우리도 왔으니까 찍고 가자. 대망의 첫 해외여행 사진이네."

시원하게 물을 내뿜고 있는 머라이언을 배경으로 우린 서로 인증숏을 찍어 주었다. 그러고는 그냥 바로 다음 코스로 슝~

"음…. 다음 코스는 마리나 베이 샌즈야."

싱가포르를 검색하면 가장 많이 나오는 곳이다. 휘어진 세 기둥이 매끈하게 빠진 크루즈선을 떠받치고 있는 듯한 싱가포르의 랜드마크. 머라이언 파크에서 그리 멀지 않아 보여 남는 게 체력이고, 자신 있는 게 체력이었던 우린 뚜벅이를 선택했다. 머라이언 파크에서 앤더슨 브릿지를 건너 열대과일 '두리안'을 연상시키는 마리나 베이 또 하나의 포토존 에스플레네이드 공연장을 지나, 그리고 DNA를 본뜬 다리인 헬릭스 브릿지를 건너 마리나 베이 샌즈의 쇼핑센터 더 숍스 앳 마리나 베이 샌즈에 도착했다. 생각보다 긴 여정이었다. 한낮의 더위를 간과했다. 지칠 대로 지친 우린 소리에 민감한 한국형 좀비처럼 쇼핑센터 안으로 미친 듯이 돌진했다. 시간도 어느덧 점심때가 되었고 휴식 시간도 가질 겸 여기서 해외여행의 첫 끼니를 때우기로 했다.

쇼핑센터 하면 역시 푸드코트. 첫 끼가 유명한 맛집이 아니라 약간 아쉽

기는 했지만 막상 오니 차라리 잘 됐다 싶었다. 맛집을 잘 찾아갈 수 있을지, 가서 주문이나 제대로 할 수 있을지 부담스러웠는데 푸드코트는 우리나라와 비슷한 시스템이었다. 음식을 골라 카운터에서 결제하고 번호가 뜨면 찾아오는 방식. 처음이니까 연습 삼아 익숙한 곳에서 시작하는 것도 나쁘지 않겠다 싶었다. 난 가이드북에 소개된 싱가포르에서 꼭 먹어봐야 할 로컬 음식 BEST 중 락사(Laksa)를 선택했다. 석현이는 당기는 게 없었는지 고르고 고르다 이름에 치킨이 들어간 요리를 하나 주문했다. 그리고 혹시나 입에 안 맞을 걸 대비해 익숙한 딤섬을 각자 하나씩 추가했다. 음식은 금방 나왔다. 역시 푸드코트! 여기까진 취향저격이었다. 하지만 락사 국물을 한 숟갈 떠서 츄릅! 하는 순간, 낭패였다. 니글니글한 국물의 맛과 향이 배고픔을 싹 가시게 했다. 대체 어떻게 이런 맛이 날 수 있는가 싶어 수저를 내려놓고 핸드폰으로 '락사'를 검색했다. 오묘한 맛의 정체는 코코넛. 락사뿐만 아니라 코코넛이 들어가는 동남아 음식들은 대부분 맛이 이렇단다.

"나랑 안 맞네."

내 식성에 대한 새로운 발견이었다. 잡식성인 줄 알았던 내가 못 먹는 게 있었다니. 결국 락사는 한 그릇을 그대로 남겼다. 딤섬 안 시켰으면 어쩔 뻔했나? 싱가포르에서의 첫 식사는 뱃속 허전하게 끝이 났다. 맛있고 배부르게 먹지는 못했지만 그래도 배가 채워지니 솔~솔~ 잠이 왔다. 그도 그럴 것이 밤 비행기를 타고 온 데다, 오는 내내 설렘과 흥분이 잠을 이겨 한숨도 자지 못했다. 1분 1초가 아쉽지만 우리에겐 저녁이 있고 밤을 불태울 계획이었기에 잠시 숙소로 돌아가 재정비 시간을 갖기로 했다.

숙소로 돌아오자마자 씻고 누가 먼저랄 것도 없이 침대에 뻗어버렸다. 얼마나 잤을까? 잠에서 깨니 어느덧 밖은 저녁이 다 되어 어둑어둑해져 있었다.

"야! 그만 일어나! 너무 오래 잤다."

알람 소리도 못 듣고 자는 바람에 저녁 일정이 늦어졌지만 덕분에 몸은

개운했다. 밤을 불태울 모든 준비를 마쳤다. 첫 해외여행에서의 첫날밤을 불태울 곳은 싱가포르 대표 나이트라이프 중심지인 클라키 퀘이였다. 클라키 퀘이 역을 나와 싱가포르 강 쪽으로 걸었다. 강변이 가까워질수록 음악소리는 커졌고 우리의 텐션은 머리끝까지 솟아올랐다. 곧 싱가포르 강이 모습을 드러냈다. 역시 리버뷰는 실패가 없다. 네모반듯한 아파트와 고층 빌딩들이 정갈하게 늘어선 한강의 야경이 세련되고 차분한 도시 야경이라면, 강변을 따라 늘어선 가게들의 조명과 가로등에 두서없이 반짝이는 클라키의 야경은 에너지 넘치는 활발한 야시장 같았다. 텐션이 또 한 번 업됐다. 메인 스트리트에는 라이브 카페와 펍, 바가 즐비했다. 세계 각국 여행자들이 이곳에 다 모인 듯했다. 그야말로 여행자들의 성지. 쿵쾅! 쿵쾅! 리듬에 맞춰 내 심장도 뛰었다. 술은 기본이요, 춤을 추든 노래를 하든 주체할 수 없는 흥 때문에 뭐라도 해야 될 것만 같았다. 대충 분위기 파악도 했으니 이제 어디서 놀지 정할 차례. 트렌디하고 시끌벅적하면서 이왕이면 여자들이 많은(사실 이게 가장 중요했다.) 곳이면 좋을 것 같았다. 귀를 쫑긋 세우고 고개를 두리번거리며 주변을 스캔했다. 그중 남녀 열댓 명이 긴 테이블에서 다 같이 맥주를 마시고 있는 한 펍의 테라스가 내 레이더망에 포착됐다.

"저기 분위기 괜찮아 보이지 않냐? 우리도 저 테이블에 조인해볼까?"

"…."

어쩐지 썩 내키지 않아 하는 석현이를 이끌고 성큼성큼 펍으로 향했다. 펍에 가까워질수록 이야기 소리와 웃음소리가 점점 선명하게 들렸다. 그와 동시에 내 발걸음은 점점 느려졌다.

"음…. 우리 그냥 딴 데 갈까?"

"거봐~ 그게 낫겠지?"

펍 분위기는 최고였다. 우리가 애타게(?) 찾던 여자들도 많았다. 특히 우리가 조인하려고 했던 테이블은 연신 웃음이 끊이지 않는 게 보고만 있어도 즐거웠다. 문제는 나의, 아니 우리의 영어. 첫인사와 자기소개 정도야 취업 준비하며 연습한 AI 로봇 같은 레퍼토리가 있었기에 걱정 없었지만 문제는 그 이후였다. 맥주만 홀짝홀짝 마시며 안주만 축내다가 다 같이 빵! 터지는 순간 무슨 영문인지도 모른 채 가식 웃음을 터뜨리는 내 모습이 그려졌다.

"아… 돌아가면 영어공부해야겠다."

영어도 못하는 주제에 흥에 취한 나머지 의욕만 하늘을 찔렀다. 해외 경험이 많은 베테랑 여행자였다면 또 모를까, 해외가 처음인 우리에게 언어의 장벽이란 극복의 대상이 아닌 피해야 할 대상이었다. 즐거우려고 온 여행 아닌가? 군이 안 되는 걸 극복하고 스트레스를 받아 가며 놀고 싶지는 않았다.(다 자기 합리화다.)

결국 다시 클락키 퀘이를 돌고 돌고 돌아 들어간 곳은 사람이 적당히 모여 있는 한 라이브 펍. 우린 무대에서 가장 먼 구석탱이에 자리를 잡았다. 혹여나 외국인이 말을 걸어올까 봐서. 한 번의 좌절을 겪고 나니 외국인 기피증이 생겨버렸다. 다행히 다들 음악에 미쳐 춤추고 마시기만 할 뿐 구석에 쭈구리처럼 앉아 맥주만 홀짝, 고개만 까딱 거리는 두 동양인에게 신경 쓰는 사람은 단 한 명도 없었다. 첫 해외여행의 첫날밤은 이렇게 오붓한(?) 엔딩으로 끝이 났다.

잠도 깨고 고단했던 첫째 날의 피로도 풀어줄 겸 모닝 수영으로 둘째 날을 시작했다. 아침은 숙소 근처 도널드 아저씨네 햄버거로 가볍게 때우고 바로 일정 시작, 하지 않고 다시 침대로 쓰러졌다.

"여유 있고 좋네~"

첫째 날 배운 게 있다면 한창 더울 때는 피해야 한다는 것. 여행 계획을 세우면서 1분 1초까지 알뜰하게 쓰려고 했지만 막상 여행을 해보니 처음 접하는 동남아의 날씨가 생각보다 더웠다. 자칫 무리했다가는 더위를 먹을 것 같았다. 그렇게 자체 시에스타(Siesta: 지중해 연안 국가와 라틴아메리카에서 한낮에 낮잠을 자는 풍습)를 가진 후 태양의 열기가 한층 누그러졌을 때 센토사섬으로 향했다. 센토사는 우리나라 제주도와 같이 싱가포르의 대표 휴양지다. 액티비티와 휴양을 모두 즐길 수 있는데 우리의 목적은 액티비티도 휴양도 아닌 그냥 구경. 에어텔 상품으로 온 여행인지라 센토사섬에서 머물 수는 없었다. 그래서 아예 여행 코스에서도 뺄까 했지만 워낙 좋다는 소문이 자자해 그냥 넘어갈 수가 없었다. 특히나 해변이 아름답다고 하니 해변만이라도 둘러보기로 했다.

비보시티 역에서 모노레일을 타고 센토사섬으로 들어갔다. 비치 스테이션에서 내리면 바로 해변으로 갈 수 있지만 섬구경도 하기 위해 한 정거장 전인 임비아 스테이션에서 내렸다. 센토사섬에는 아이들과 함께인 가족단위 관광객들이 많았다. 해변으로 가는 길에 지나친 워터파크에는 싱가포르의 어린아이들이 다 모인 듯 시끌시끌했다. 반면에 해변은 고요했다. 사람들은 격하게 아무것도 하지 않으면서 그저 선베드나 모래사장에

돗자리를 깔고 누워 햇빛을 즐겼다. 해변의 모래는 아기들이 엉덩이에 바르는 분가루보다도 고왔다. 맨발로 걸어 다니면 발가락 사이로 스며드는 고운 모래가 발을 싸악 감싸면서 발에 포근한 온기가 돌았다. 왜 인기 있는 휴양지인지 알 것 같았다.

"이게 진짜 해변이지~"

우리나라의 해변과는 확연히 대비됐다. 물론 우리나라야 유명 해수욕장으로만 집중적으로 사람들이 몰리는 경향도 있지만 언젠가부터 해변이 청춘들의 야외 술집으로 변모되었기 때문이다. 여기저기 널브러져 있는 술병은 더 이상 어제 오늘 일이 아니다. 그에 비해 센토사의 해변은 깨끗하다 표현으로도 부족해 순수하다는 표현이 더 어울렸다. 어린아이 키만 한 새가 엉덩이를 실룩거리며 사람들 사이를 활보하니 아마 때묻지 않은 태초의 해변이 이런 모습이지 않았을까?

'센토사(Sentosa)'는 말레이어로 '평화와 고요함'을 뜻했다. 이 평화와 고요함을 좀 더 누리지 못하고 돌아가야만 한다는 게 너무나 아쉬웠다. 언젠가 다시 싱가포르에 오게 된다면 그땐 꼭 센토사섬에서 며칠 쉬었다 가리라. 노을 지는 팔라완 비치를 바라보며 다짐했다.

다른 건 몰라도 싱가포르에서 무조건! 반드시! 꼭! 먹고 싶었던 한 가지. 칠리크랩이다. 한식 중에서도 특히나 게장과 꽃게탕을 사랑하는 나이기에 칠리크랩을 안 먹고는 도저히 싱가포르를 떠날 수 없을 것 같았다. 아니, 떠나지 않으리라 결심했다. 블로그와 가이드북을 샅샅이 뒤져 찾은 칠리크랩 맛집 중 가까운 곳이 클라키에 있었다. 그런데 문제는 예약제라는 것. 싱가포르에 무선 인터넷 인프라가 잘 되어 있어 USIM을 사지 않고 곳곳의 무선 인터넷에 빌붙어 살고 있었는데 전화를 하려면 USIM이 있어야 했다. 예약하러 클라키까지 가기에는 다른 일정이 있어 애매한 상황. 물론 일정을 바꾸고서라도 갈 만큼 칠리크랩을 먹고자 하는 의지는 강했지만 찾아보면 뭔가 다른 방법이 있지 않을까 싶었다.

"로비 직원한테 부탁해보는 건 어때?"

"오~ 굿아이디어다. 그 정도 영어는 할 수 있지."

숙소를 나오며 로비 직원에게 내가 찾은 음식점을 알려주고 예약을 부탁했다. 저녁 7시, 성인 2명. 한방에 예약 성공! 이제 가서 먹기만 하면 된다.

그날 저녁, 예약 시간보다 10분 일찍 도착했다. 한창 저녁시간이라 그런지 가게 안은 물론 야외 테라스까지 빈자리가 없었다. 종업원 안내에 따라 예약된 자리로 이동했다. 우리 자리는 가게 안쪽, 안에서도 가장 구석이었다. 첫날밤 클라키에서의 라이브 펍이 생각나는 자리였다.

"설마 우리 배려해 준 건가? 말 못 걸게 하려고?"

"그르게~ 만날 구석이네."

곧 메뉴판이 왔고 우리는 고르고 말고도 할 것 없이 칠리크랩을 시켰다.

그리고 하나 더, 블랙페퍼크랩도 시켰다. 남자 둘이 하나 시키면 모자랄 것 같고 칠리크랩 못지않게 블랙페퍼크랩도 제법 평이 좋아 맛보고 싶었다. 음식이 나오기를 기다리며 슬쩍 옆 테이블을 훔쳐봤다. 우리 또래의 연인들인 것 같은데 칠리크랩 하나 두고 오순도순 살을 발라먹으며 므흣한 시간을 보내고 있었다.(쳇! 좀 부럽네.) 테이블 간 간격이 좁아 칠리크랩이 선명하게 보였다. 일단 비주얼 합격! 스멜도 합격! 비주얼, 스멜 합격이면 맛은 보나 마나다. 드디어 기다리고 기다리던 칠리크랩이 나왔다. 곧이어 블랙페퍼크랩도. 자, 이제 맛있게 먹을 일만 남았는데 우린 잠시 버퍼링이 걸렸다.

"이건 뭐고 요건 뭐냐?"

"글쎄다…. 사실 나 랍스터 제대로 먹어본 적 없어서 잘 몰라."

"나도 그래~ 꽃게만 먹어봤지 이런 건 처음이야."

그렇게 앞에 놓인 연장들과 두뇌싸움을 하다가 결국 포기하고 쓸 줄 아는 연장들만 사용해 먹기 시작했다. 한 손에는 집게를 나머지 한 손은 그냥 맨손. 우리의 다섯 손가락은 조물주의 위대한 발명품이 아니던가? 돌이나 쇠가 아닌 이상 못 먹을 게 없다. 타닥! 타닥! 쾅! 집게와 손이 엇나가는 바람에 접시를 크게 내리치고 말았다. 다행히 접시가 깨지지는 않았는데 그

소리에 반경 옆 옆 테이블의 손님들이 전부 우리를 응시했다.

"I'm so sorry~"

민망함에 얼른 사과부터 했지만 우리를 쳐다보는 시선이 금방 사라지지는 않았다. 특히나 바로 옆 연인 테이블의 여자는 마치 놀라운 광경이라도 본 듯 눈을 동글해져 있었다. 그리고 난 정확하게 눈동자의 움직임을 포착했다. 칠리크랩 한번, 블랙페퍼크랩 한번, 그리고 마지막으로 우리 한번. 어쩌면 자격지심일지도 모르겠지만 느낌 상 마치 걸뱅이를 보는 듯한 표정이었다. '아니 왜? 뭐 어때서? 남자 둘인데 1인 1크랩 할 수 있는 거 아니야?!' 빈정이 조금 상하긴 했지만 내가 저지른 일이 있으니 그냥 개의치 않고 넘어갔다. 다시 왼손에는 집게, 오른손은 맨손을 앞세워 크랩과의 전쟁을 재개했다. 승자는 당연히 잇츠 미! 칠리크랩과 블랙페퍼크랩 두 마리 모두 속속들이 발라버렸다. 옆 테이블 그 기분 나쁜 연인이 언제 갔는지도 모를 만큼 집중해서. 칠리크랩은 그런 맛이었다. 옆에 누가 사라져도 모르는 맛. JMT!!!

#아시아 3대 클럽 염탐기

싱가포르에서의 먹방 버킷리스트가 칠리크랩이었다면 밤 문화 버킷리스트는 클럽이었다. 싱가포르에 많은 클럽들이 있지만 그중에서 찜꽁해 둔 클럽은 세계 TOP10 안에 랭크된, 한때는 아시아 3대 클럽 수식어까지 붙었던 클럽 주크다. 클락키에서 그리 멀지 않아 가볍게 맥주 한잔하다가 자정쯤 됐을 때 넘어가면 딱이지 싶었다. 완벽한 계획. 하지만 우리의 상태가 완벽하지 못했다.

"킁킁, 어우~야, 손에서 게 냄새나."

"헐…. 옷에도 뱄네."

칠리크랩의 찐~한 향기가 여전히 몸 곳곳에 배어있었다. 명색이 클럽인데 꾸질꾸질하게 하고 갈 수는 없는 법. 아직 여유가 있으니 숙소에 들러 꽃단장을 하고 다시 나오기로 했다.

게 냄새를 샴푸와 화장품 냄새로 바꾸어 놓고 클럽 주크로 향했다. 보통 클럽이면 번화가 한복판에 있는 게 대부분이거늘 택시는 한적한 주택가로 들어갔다. 설마 잘못 알아듣고 다른 데로 온 건 아닌가 싶어 두리번거리며 의심의 촉을 뾰족하게 세우고 있는 찰나, 길가에 술에 취해 비틀거리는 사람들의 모습이 간간이 보였다. 멀리 보랏빛 조명이 희미하게 보이면서 쿵! 쿵! 한껏 비트가 실린 음악이 들려오는 걸로 봐선 다행히 제대로 찾은 것 같았다. 아직 피크 시간 전인데도 클럽 앞은 시장통처럼 사람들로 바글바글했다. 피크 시간이 되기를 기다리는 건지, 잠깐 바람 쐬러 나온 건지, 아니면 이미 다 놀고 나온 건지는 알 수 없지만 벌써부터 이 정도 열기라면 과연 피크 시간일 때는 어느 정도일지 기대와 설렘이 한껏 부풀었다. 입장

료에 포함된 Free 드링크를 마시며 클럽 안을 한 바퀴 빙~ 돌았다. 클럽을 많이 가보지는 않아서 잘은 모르지만 우리나라의 클럽과 크게 차이는 없어 보였다. 한국에서도 충분히 들을 수 있는 트렌디하면서 리듬 타기 좋은 음악에 사람들이 닭장처럼 끼여 춤추는 모습도 비슷했다. 생각보다 한국 사람들도 많았다. 왜 얼굴만 봐도 알 수 있지 않은가? 일본이나 중국 사람들과의 미묘한 차이를. 아마도 다들 같은 루트로 검색했을 테니 같은 소문을 듣고 찾아온 게 분명했다.

   클럽 주크에서 가장 쇼킹했던 점은 자유분방하다 못해, 내 기준에서는 거의 동물의 왕국 수준인 스킨십 수위였다. 한국 클럽에서도 어느 정도 수위의 스킨십은 본 적이 있기는 하지만 주크의 클래스는 달랐다.(므흣) 잠시 스쳐 지나가며 봤는데도 민망할 정도였다. 19금이 되어 버릴 것 같아 더 디테일하게는 설명하기 어렵지만, 음…. 호기심 왕성하던 시절 종종 보았던 야구 동영상 바로 아래 단계 수준이라고 할까? 두 남녀도 그렇지만 주변 사람들의 반응도 충격이었다. 아무도 그들을 신경 쓰지 않았으니까.

비록 구석진 기둥이기는 했지만 조명이 있어 결코 어둡지 않았는데…. 물론 이성과 썸 타겠다고 온 클럽은 아니긴 하지만 우리도 피 끓는 청춘이기에 일말의 기대가 있기는 했다. 하지만 높디높은 수위에 놀란 우린 그저 음악에 취해, 테킬라에 취해, 분위기에 취해, 구경만 잘 하고 왔다.

"좋은 경험이었다. 우리도 다음에는…. (므흣)"

"이거 한국 가면 비싸요."

한국말 참 잘하신다. 카야 토스트 사장님 말이다. 싱가포르에서 가봐야할 곳 중 하나인 야쿤 카야 토스트에서 카야 토스트로 하루를 시작했다. 다 먹고 이제 막 나가려는 우리에게 한국말로 영업을 하셨다. 얼마나 많은 한국 사람들이 왔으면 한글 메뉴에 한국말로 영업까지 하실까. 신기하기도 하고 뭔가 도와드리고 싶은 마음에 작은 카야잼 세트 하나를 구입했다.

"오늘이 마지막이네…. 우리 이제 뭐 해야 되냐?"

유일하게 세운 여행 계획이 가이드북에 나와 있는 코스대로 따라가는 것이었는데 대체적으로 잘 못 지켰다. 시간 계산을 잘못한 부분도 있고 계획이 하나씩 틀어지면서 우리의 의지도 무뎌졌다. 게다가 전날 클럽에 갔다가 새벽에 들어오는 바람에 하루의 시작이 늦어지니 더 무기력해진 것이다. 일단은 무작정 걸으며 지도앱을 켰다. 가장 가까운 거리에 볼만한 곳이 있으면 우선 거기서 시간을 좀 벌기로 했다.

"차이나타운 가깝네."

"여기까지 와서 중국이야?"

"그럼 너가 찾아보던가."

"미안, 그냥 가자."

나도 하필 왜 차이나타운이 가까운 건지 마음에 들지는 않았지만 길바닥에 덩그러니 서서 방황하는 것보다는 낫지 않은가? 어차피 저녁 일정은 마리나 베이 샌즈 호텔 루프탑으로 정해져 있으니 어디서든 몇 시간만 잘 때우면 될 일이었다. 싱가포르의 차이나타운 다행히 생각보다는 괜찮

았다. 차이나타운 하면 으레 빨간색이 떠오르는데 이곳 차이나타운은 파스텔톤의 건물들이 많았다. 거리도 깔끔했다. 과연 이곳이 차이나타운이 맞나 싶을 정도. 내가 익히 알고 있는 중국은 차이나타운 포인트 쇼핑몰에 있었다. 불룩 튀어나와 축~ 처진 배를 당당하게 내놓고 있는 상인들, 못 알아듣는 거 뻔히 알면서도 중국어로 호객행위 하는 상인들. 암~ 이래야 중국이지. 쇼핑몰 한 바퀴를 돌아 아이쇼핑을 하고 나오니 어느덧 저녁이 다 되어 있었다. 우린 여행의 마지막 일정인 마리나 베이 샌즈로 이동했다.

　마리나 베이 샌즈를 찾은 가장 큰 목적은 인피니티 풀 때문이었다. 수영을 할 생각은 없었지만 워낙 유명했기에 꼭 한 번 보고 싶었다. 하지만 호텔 투숙객만 이용할 수 있다는 사실을 루프탑 라운지 티켓 매표소에서야 알게 됐다. 생각해 보면 호텔이지 수영장이 아니니 그게 당연했다.

　"뭐 어떡해. 전망대라도 가야지."

　"그래, 레이저 쇼는 볼 수 있겠네."

　샌즈 스카이파크 전망대는 크루즈선 갑판 위에 있는 느낌이었다. 실제

크루즈선과 다른 게 있다면 사방으로 펼쳐진 것이 바다가 아니라는 것. 하늘은 왠지 점프하면 닿을 수 있을 것만 같고, 공중을 떠다니는 배를 탄 것 같았다. 아래로 내려다보이는 마리나 베이의 야경은 인생야경이었다.

"이제 레이저쇼 하나보다."

"오오~~~"

15분 정도 진행된 레이저쇼가 끝이 나고 우린 서로의 표정에서 '별로네'라는 느낌을 읽을 수 있었다. 레이저쇼가 시시했던 것은 아니고 우리 장소의 문제였다. 파리 에펠탑 밑에서는 에펠탑이 안 보이듯 레이저쇼를 제대로 보려면 마리나 베이 샌즈에 있을 게 아니라 머라이언 파크나 마리나 베이 샌즈 호텔이 잘 보이는 곳에 있었어야 했다. 이런 멍충이들!

전망대 데크에 앉아 야경을 보며 첫 해외여행을 되돌아봤다. 나름 준비한답시고 했는데 막상 여행을 하면서 보니 제대로 준비한 게 없었다. 당장에 마리나 베이 인피니티 풀과, 레이저쇼만 놓고 봐도. 그러면서도 원래 여행이 이런 게 아닐까 싶었다. 항상 계획대로 되지 않는 것, 준비가 미비해도 그때그때 찾아서 꾸역꾸역 뭐라도 하게 되는 것. 즐겁기도 아쉽기도 했다. 개인적으로는 아쉬움이 더 컸다. 그래서 싱가포르는 내게 즐거웠던 곳이라기보다는 다시 찾고 싶은 곳이 되었다. 언젠가는 꼭! 다시 찾아야지. 그땐 무조건 마리나 베이 샌즈에서 최소 하룻밤은 보내고 말 테다! 물론 센토사에서도.

스웨덴, 어디까지 가봤니?

포털 사이트에서 '스웨덴 여행'이라고 검색해보면 열에 아홉은 스톡홀름 여행이 나온다. 한 나라의 수도라는 이유만으로도 여행해야 할 이유는 충분하지만 북극을 품은 천혜의 자연, 현대와 중세가 공존하는 도시의 역사와 문화까지 있으니 스웨덴 여행하면 스톡홀름만 나오는 것은 어찌 보면 당연하다. 나 역시도 스웨덴 하면 스톡홀름이었으니까.

크리스마스를 한주 앞둔 12월의 어느 날, 스웨덴 해외출장이 잡혔다. '앗싸!!! 생애 첫 유럽이 스웨덴이라니!' 유럽에서도 비싼 물가 때문에 쉽게 가지 못하는 북유럽. 출장이 잡힌 후 난 매일매일을 극도의 흥분 상태로 지냈다. 스웨덴이면 당연히 스톡홀름이겠구나 싶었다. 그런데 메일로 날아온 보딩패스에는 듣도 보도 못한 공항이 도착지로 표기되어 있었다. 혹시 출장 지역이 바뀐 건 아닌지, 궁금함 반 불안함 반에 못 이겨 구글 박사님을 호출했다. 다행히 스웨덴은 맞는데 스톡홀름이 아니었다. 스톡홀름에 이어 스웨덴에서 두 번째로 큰 스칸디나비아반도 최대 조선업 중심지이자 수출항 도시, 우리나라의 부산 격인 스웨덴 남부의 항구도시인 예테보리 (Göteborg)였다. 이름만 들어도 아는 유명한 곳들을 놔두고 찾아봐도 아리송한 예테보리에서 내 생애 첫 유럽을 시작하게 됐다.

#우리 피카(FIKA) 할까?

장작 13시간의 비행 끝에 스웨덴 예테보리에 도착했다. 스웨덴의 12월은 걱정만큼 춥지는 않았다. 우리나라 늦가을과 초겨울 정도랄까? 자정이 훌쩍 지난 시각, 거리는 깜깜했고 사람도 차도 거의 다니지 않았다. 아무도 살지 않는 도시에 나 혼자 있는 것 같았다. 갑자기 밀려오는 외로움에 서둘러 택시를 잡아 호텔로 향했다.

호텔에 도착하자마자 털썩 침대로 쓰러져 버렸다. 처음 하는 장거리 비행에 긴장을 했었나 보다. 온기 가득한 방에 들어오니 사르르 몸이 녹으며 스르륵 긴장도 풀렸다. 곧 잠이 쏟아졌다. '아! 스웨덴에 왔구나!'라는 사실을 실감할 틈도 없이 스웨덴에서의 첫 밤을 맞이했다.

삐빅! 삐빅! 화장실 문틈 사이로 알람 소리가 들려왔다. 샤워기 물소리에 묻혀 샤워가 끝나고서야 알아차렸다. 평소 아침에 눈을 뜨면 이불과 한 몸 되어 뒹굴뒹굴 좀 해줘야 겨우 일어날 수 있는 전형적인 베짱이형 인간이거늘, 알람이 채 울리기도 전에 눈을 뜬 것도 모자라 일어나자마자 샤워를 하고 있다니. 조금이라도 빨리 스웨덴 라이프를 즐기고 싶은 마음이 나를 움직인 듯했다. 엄마가 봤다면 아마 '스웨덴은 해가 서쪽에서 뜬다니?'라고 했을지도.

아침을 먹기 위해 카페테리아로 내려왔다. 앞으로 3주간 나의 아침과 저녁을 책임져줄 '엄마의 부엌' 같은 공간. 식사는 뷔페식으로 골라 먹는 재미가 있었다. 말라비틀어진 베이컨 구이, 어릴 적 도시락 반찬의 추억을 소환하는 소시지, 노란색 뭉게구름 같은 에그 스크램블, 그리고 노릇노릇 납작하게 눌린 팬케이크와 다양한 종류의 빵이 있었다. 다행히 난 김치 없이도 살 수 있는 서구형 한국인이라 매 끼니마다 이 정도 퀄리티라면 한식 없이도 3주 정도는 거뜬할 것 같았다. 보통 아침은 든든한 한식보다 간단한 브런치를 선호하는 편인데 이것저것 조금씩 먹다 보니 전혀 간단하지 않았다. 웬만한 한식 못지않게 든든하게 먹어 버렸다. 올챙이처럼 볼록해진 배를 떠받들고 이만 방으로 올라가보려는데 향긋한 커피향이 내 발길을 붙잡았다. 금발의 노신사 한 분이 커피를 뽑고 계셨다.

"맞다! 커피 한잔해야지."

출장 준비 중 알게 된 스웨덴의 '피카(FIKA)'가 떠올랐다. 피카라는 단어는 스웨덴어로 커피를 의미하는 '카페(KAFFE)'의 두 음절이 서로 뒤바뀌어 생긴 말인데, 단순히 커피를 마시는 것뿐만 아니라 바쁜 일과 중에도 가족, 친구, 동료들과 함께 커피와 간식을 먹으며 대화를 나누는 '멈춤'의 시간을 말한다. 이렇게 말하니까 뭔가 거창한데 쉽게 말해 스웨덴식 티타임이다. 피카 없는 하루는 생각할 수 없을 만큼 스웨덴 사람들에게는 아주 중요한 생활 문화다. 스웨덴 라이프를 시작하게 되었으니 나도 이제 새로운 문화에 익숙해져야 할 터. 커피 한 잔을 뽑아 어른이 입맛인 내가 좋아하는 초코칩 쿠키를 챙겨 방으로 올라왔다. 커피도 있고 간식도 있으니 이제 피카를 즐기면 되겠구나 싶었는데 가장 중요한 한 가지가 없었다. 바로 대화를 나눌 사람. 아마 스웨덴에서는 없을 혼자서 즐기는 피카, 혼피카를 해야겠구나 하다가 왠지 너무 청승맞은 것 같아 한국에 있는 친구에게 전화를 걸었다. 8시간의 시차가 있으니 한국은 이제 자정쯤 되었으려나? 끼리끼리 논다고 친구들도 나처럼 야행성이다 보니 자정이면 한창 눈에 불을 켜고 있을 시간이었다. 띠리릭 띠리릭

"여보세요?"

"야, 피카 할까?"

"뭐? 먼카?"

"야이C, 촌스럽게. 형 지금 스웨덴이잖아~ 피카 몰라? 피카?"

"피카츄?"

"하….."

그렇게 스웨덴 피카 문화에 대한 강의를 핑계 삼아 피카를 즐겼다. 이날 이후부터 피카를 매일 아침마다 하루를 시작하는 모닝 루틴으로 만들었다. 하루 한 번, 한 명, 한국에 있는 친구들과 대화도 나누고 안부도 건넬겸. 물론 통화의 시작은 언제나 '피카 할까?'였다. 피카 전도사가 되어 한국에도 피카가 자리 잡기를 바라는 마음으로 연락하는 친구마다 피카에 대해 설명해 주었다. 희한한 건 한 번 연락했던 친구는 다신 연락을 받지 않는다는 쓸쓸한 진실.

"여보세요~? 자니…? 우리 피카 할까…."

……

"쓸…."

스웨덴에서의 첫 출근. 구글맵으로 미리 검색해둔 경로를 보며 따라갔다. 출근길은 그리 오래 걸리지 않았다. 트램을 타고 2정거장 후 내려 큰 길로 나오면 바로 보이는 건물이 3주 동안 내가 출퇴근할 곳이었다. 여러 회사들이 모여 있는 산업단지였다. 똑같이 생긴 건물들이 오와 열을 맞춰 모여 있었다. 보통 산업단지라 하면 통유리창으로 된 고층 빌딩이 즐비한 최첨단 도시의 모습인데 이곳은 대학교 캠퍼스 같았다. 빌딩이라 칭하기에 높이도 낮은 데다 전형적인 유럽 스타일의 건물들이다 보니 회사보다는 도서관이나 박물관이 더 어울렸다. 딩동! 요즘은 보기 드문 아날로그식 벨을 누르자 문이 열리며 직원 한 분이 나와 주셨다.

"어우! 어서 오세요~ 잘 찾아오셨네요."

"네, 안녕하세요!"

한국 분이 한 분 계시다고 들었는데 머나먼 지구 반대편에서 거의 하루 반나절 만에 한국말을 들으니 반가웠다. 직원분의 안내를 받아 사무실 안으로 들어갔다. 들어서자마자 눈이 휘둥그레져 사방을 두리번거렸다. 여기는 회사인가? 카페인가? 아니면 가정집인가? 네모반듯한 파티션으로 딱딱 나뉘어 보기만 해도 딱딱해 보이는 분위기가 내가 아는 회사라는 곳의 사무실인데, 이곳은 유럽풍 콘셉트로 인테리어를 해놓은 예쁜 카페 같았다. 아니면 영화에서 봤던 유럽의 평범한 가정집? 시기도 시기인지라 여기저기 크리스마스 장식들이 달려 있어 더 그랬다.

"한국하고는 분위기 완전 다르죠? 근데 스웨덴이라고 다 이런 건 아니구요. 큰 회사들은 한국하고 비슷해요."

"아~ 전 이게 더 좋은데요?"

사무실은 아직 텅 비어있었다. 다들 출근 전인 듯했다. 보통 9시에서 10시 사이에 출근을 한단다. 엥? 9시면 9시고, 10시면 10시지, 9시에서 10시 사이라는 시간은 대체 몇 시를 가리킨다는 말인가? 직원분께서 설명해 주시길 하루 6시간 근무를 기본으로 하되 출퇴근 시간과 업무시간 운용은 개인이 자율적으로 결정할 수 있었다. 그 말인즉슨, 3시간 일을 한 후 개인 사정으로 외출을 하고 돌아와 다시 3시간을 근무해도 아무런 문제가 되지 않는다는 것.(*6시간 근무는 법정 근무시간이지만 근무시간 운용 관련은 해당 회사의 내규로 다른 회사들과는 다를 수 있다.) 그래서 대부분의 직원들은 점심 식사를 안 하거나 간단하게 때울 수 있는 것들로 일하면서 동시에 해결한다고 한다. 그러면 점심시간 1시간은 줄일 수 있으니까.(오!

개이득!) 9시에 출근했다 치면 3시에 퇴근할 수 있는 것이다.(오! 개꿀!) 한 번도 경험해 본 적 없는 라이프지만 말로만 들어도 행복했다. 벌건 대낮에 퇴근이라니. '복지천국', '세계에서 가장 행복한'이라는 수식어가 괜히 붙어 다니는 게 아니었다.

회사 구경을 마치고 자리를 안내받았다. 나를 위해 방 하나를 통째로 나만의 사무실로 내어주셨다. 자리도 배정받았겠다 업무용 노트북과 필요한 장비들을 세팅하는 것으로 업무를 시작했다. 하나둘씩 업무환경이 갖추어지는 사이 하나둘씩 직원들이 출근하는 소리가 들렸다. 알아들을 수는 없지만 '안녕하세요~, 좋은 아침입니다~' 와 같은 스웨덴 인사말인 것 같았다. 영어와 비슷한 듯 다른 스웨덴어는 나에게는 외계어였다. 한동안 외계어가 주기적으로 들려오다가 어느 순간이 지나자 잠잠해졌다. 때는 오전 10시. 설마설마했는데 정말 오전 10시가 다 되어서야 전 직원이 출근을 마쳤다. 그리고 모두가 출근하기를 기다렸다는 듯 한국인 직원분께서 내 자리로 찾아오셨다.

"여기 직원분들이랑 보스한테 인사 한번 하러 가실까요?"

쫄래쫄래 직원분 뒤꽁무니를 따라갔다. 그러고는 사람들 앞에 서서 어색한 '굿모닝'과 '나이스 투 미츄'를 건넸다. 다들 웃으며 반겨주었다. 직원들과의 인사를 마치고 이제 이 회사의 끝판왕, 보스를 만나러 갔다. 보스 방으로 가던 중 마침 보스가 방에서 나오는 바람에 복도에서 마주쳤다.

"저기 오시네요. 우리 보스에요."

"아! 한국에서 오신 분이시군요. 환영합니다!"

"네, 안녕하세요! 만나서 반갑습니다."

짧은 인사 후 여정에 불편함은 없었는지 등의 간단한 안부를 주고받았다.

"혹시 불편하거나 필요한 게 있으면 언제든 여기 직원에게 말씀해 주세요."

"네, 감사합니다!"

인사 겸 짧은 미팅을 끝내고 다시 자리로 돌아가려는데 갑자기 어린아이 둘이 보스방에서 뛰쳐나왔다. 아니 회사에 웬 애들? 눈이 휘둥그레져 쳐다봤다. 낯선 동양인이 신기한지 애들도 나를 뚫어지게 쳐다봤다.

"저희 애들이에요. 얘들아 인사하렴~ 한국에서 오신 손님이야."

"안녕~ 반가워~^^"

아이들은 수줍은지 보스 뒤에 숨는 걸로 내 인사에 답했다. 아무리 보스라지만 일터에 애들을 데려오다니. 비록 모두가 가족 같은 느낌이 들 만큼 작은 회사이기는 했으나, 그래도 확실히 우리나라에 비하면 회사 분위기가 자유로웠다. 낯선 분위기에 조금씩 적응해 가는 사이 어느덧 점심시간이 다가왔다. 본래 점심은 각자 해결하곤 하는데 오늘은 특별히 내 환영회 겸, 곧 다가올 크리스마스와 연말까지 겸해서 다 같이 근처 식당으로 향했다. 물론 여전히 나를 수줍어하는 두 소녀도 함께. 아이들을 회사에 데려온 게 이번이 처음이 아닌지 아이들은 직원들과 서슴없이 장난도 치며 잘 어울렸다. 보스의 자녀들이 회사에서 직원들과 웃고 떠드는 모습이라…. 한국에서는 한 번도 본적도, 들어 본적도 없는 광경이다.

점심 식사를 마친 후 보스는 집에 일이 있다며 아이들과 함께 퇴근을 했다. 아니, 저기요! 보스 아저씨! 이 회사 당신 거 아니에요? 이렇게 점심 먹고 그냥 가버린다고? 이런 상황 또한 하루 이틀이 아니라는 듯 직원들은 전혀 개의치 않았다.(하긴, 또 언짢으면 어쩔 건가? 보스가 간다는데.) 보스와 아이들을 쿨하게 떠나보내고 오후 업무를 시작했다. 낯선 환경과 문화에 충격받고 적응하느라 시간이 어떻게 갔는지 모를 만큼 빨리 지나갔다. 어느덧 창밖에는 어둠이 깔려있었다.

"저…. 혹시 언제쯤 퇴근하실 건가요?"

"아, 저는 원래 퇴근시간에 맞춰서 퇴근하려고요."

내 대답에 약간은 곤란해하는 직원분의 표정이 보였다. 혹시 다른 직원들은 뭐하고 있나 싶어 방을 나가보니 사무실 모습이 아침에 출근했을 때의 모습과 똑같았다. 이미 4시쯤 다들 퇴근했단다. 본인도 원래 그쯤 하는데 오늘은 나 때문에 남아 있었다고. 본의 아니게 개인 시간을 뺏은 것 같아 미안했다. 앞으로 3주간 계속 일해야 하는데 어떻게 해야 하나 난감했다. 하지만 그렇다고 나 때문에 계속 야근을 강요할 수는 없는 노릇. 로마에선 로마법을 따르라 했으니, 예테보리에선 예테보리 법을 따라야지. 어차피 나도 그날 할 일만 끝내면 몇 시간을 일하든 상관없을 것 같았다. 여기선 뭐 팀장님이 매의 눈으로 계속 쏘아 보고 있는 것도 아니니.

"죄송해요~ 저 때문에…. 내일부터는 저도 퇴근 시간 맞출게요."

대신 혹시나 일을 미처 못 끝냈다거나 한국에서 갑자기 지원 요청이 올 경우를 대비해 회사 문 열고 닫는 법을 배워두었다. 그렇게 스웨덴에서의 첫 출근을 무사히 마쳤다. 나도 이제 퇴근! 그리고 내일부터는 나도 4시 퇴근이닷! 야호~~~ (물론 당시 팀장님께는 비밀이었다.)

하루 일과를 마치고 호텔로 돌아왔다. 갑자기 추워진 날씨에 따듯한 음료 한 잔이 당겼다. 하지만 호텔방 안에 있는 거라곤 냉장고에 있는 차가운 물이 전부. 카페테리아에 가면 24시간 즐길 수 있는 핸드드립 커피가 있었지만 오늘만큼은 복도마저 추워 방 밖으로 나가기가 싫었다. 문득 한국에서 가져온 비장의 아이템이 생각났다. 바로 커피 믹스! 혹시나 해서 비상용으로 몇 개 챙겨 온 건데 요렇게 요긴하게 써먹게 될 줄이야. 모처럼 나에게 칭찬을 해줬다. 아주 칭찬해~~~ 커피를 꺼내려고 가방을 뒤지다 까맣게 잊고 있었던 또 다른 아이템 하나를 더 발견했다. 앗싸! 소리 벗고 팬티 질러! 바늘 가는데 실 가듯 커피 스틱 옆에 딱 붙어 있는 네모난 그것의 정체는 믹스 커피와 환상의 케미를 자랑하는 정사각형 모양의 비스킷. 이건 정말이지 신의 한 수다. 믹스 커피와 찰떡궁합으로 소문난 조합이기 때문이다. 벌써 한국이 그리워진 것은 아니지만 그래도 나름 오랜만에(한 열흘 됐나?) 한국의 맛을 느낄 생각에 신이 났다. 콸콸콸콸~ 냉장고에 있는 생수를 커피포트에 붓고 물을 끓였다. 물이 끓는 동안 커피 한 잔의 여유에 풍미를 더해줄 비스킷을 접시에 덜어 보기 좋게 세팅했다. 그러고는 이 밤을 함께 할 영화를 골랐다.

'물이 너무 많았나? 빨리 안 끓네.'

얼른 먹고 싶은 마음에 한동안 잘 숨겼던 한국인 특유의 빨리빨리 근성이 튀어나왔다. 영화 고르기에 집중하며 마음을 가라앉혔다. 선택장애를 극복하고 간신히 영화를 고른 끝에 재생 버튼만 누르면 바로 볼 수 있도록 세팅까지 완료했다. 이제 커피만 오면 모든 것이 완벽했다. 때마침 하얀 김이 모락모락 방안에 퍼지기 시작했다. 덕분에 뽀얀 수증기로 가득 찬 방은 한결 온기가 더해졌고 가습기를 틀어놓은 것 마냥 촉촉해졌다. 그런데 뭔가 이상했다. 그 불길한 예감의 시작은 얼굴 정중앙에 있는 두 개의 구멍에서부터였다. 킁킁거리며 정체불명의 향기가 나는 쪽으로 고개를 돌리니 펄펄 끓고 있는 커피포트가 보였다. 여기서 중요한 포인트는 커. 피. 포. 트. 펄펄 끓고 있는 게 물이 아니라 커피포트였다!

"어우! 이거 뭐야!? 안돼~~~에에에."

기겁을 하며 부리나케 주방으로 날아갔다.(정말 날다시피 뛰었다.) 커피포트의 바닥이 완전히 녹아 뭉그러져 있었다. 액체 괴물로 변한 플라스틱이 뽀글뽀글 끓어올랐다. 피사의 사탑보다 더 심하게 한쪽으로 기우뚱 해진 커피포트는 곧 무너질 듯 위태위태했다.

"아…. 어떡하지?"

어떡하긴 뭘 어떡하나? 얼른 전기레인지부터 *끄고* 커피포트를 다른 곳으로 옮기면 될 것을. 당황한 나머지 이 단순한 생각이 떠오르지 않았다. 정지 화면이 되어 있는 사이 커피포트는 점점 형체를 잃어갔고 뽀얀 연기도 더 심해졌다. 급기야 검은 그을음까지 끓기 시작했다. 그제야 뒤통수 한대를 맞은 듯 정신이 번쩍 들었다. 우선 전기레인지부터 *끄고* 커피포트를 싱크대로 옮겼다. 그러자 전기레인지에 눌어붙어있었던 커피포트 밑바닥이 갓 만들어진 피자처럼 쭈우우우욱~ 늘어졌다.

"으~ 뭐야 이거 어떡하냐."

양손에 한 움큼 물티슈를 뭉쳐 쥐고 전기레인지를 닦았다. 하지만 까맣게 새겨진 그을음과 이미 식어서 굳어버린 플라스틱 액체 괴물 덩어리들은 닦이지 않았다.

"아…. 망했네…. 이거 페널티 무는 거 아닌가 모르겠네."

일단 급한 불은 껐으니 페널티는 나중에 다시 생각하기로 하고 창문을 열어 환기를 시켰다. 따뜻하지만 뿌연 방공기가 나가고 얼음 같지만 맑은 밤공기가 들어왔다. 한겨울의 북유럽 밤공기였지만 춥다기보다 상쾌했다. 후~~~ 흡, 하아~~~. 몸 안에 나쁜 공기를 빼내야 할 것 같아 창문에 얼굴을 내밀고 깊게 숨쉬기 운동을 했다. 그때 전화벨 소리가 울렸다. 띠리리리링~

"네…"

"리셉션인데요. 괜찮아요? 아무 일 없어요?! 화재 감지가 떠서요."

"아… 네, 맞아요…. 제 실수예요. 괜찮아요. 정말 죄송합니다."

연기 때문에 화재 감지기가 동작한 듯했다. 난 사건의 전말을 모두 실토했다. 상황이 급박하니 평소 되지도 않던 영어가 술~술~ 또박또박 잘도 나왔다.

"아~ 그렇게 된 거군요. 아무 일 없어서 정말 다행이네요. 정말 괜찮은 거죠?"

"네! 정리 다 끝났고, 지금 환기 시키고 있어요. 정말 죄송합니다."

"괜찮아요! 일단 저희 직원이 확인차 올라갈 거예요."

"알겠습니다. 감사합니다!"

곧 직원이 찾아왔다. 먼저 전기레인지를 살폈다. 잘 동작했고 그을음과 녹아서 굳은 플라스틱 덩어리들은 청소할 때 닦으면 돼서 문제없다고 했다. 전기레인지 오케이! 문제는 커피포트였다. 커피포트를 본 직원의 인상이 찌푸려졌다. 밑바닥이 녹아내려 쓸 수 없게 되었으니 빼박 물어주어야겠구나 싶었다. 커피포트 안 오케이.

"끝났습니다. 뭐 특별한 문제는 없어 보이네요."

"죄송합니다. 커피포트는 제가 배상해야 하겠죠? 얼마 정도 될까요?"

"아니에요~ 저희는 당신의 안전이 제일 중요해요. 아무 일 없었으니 괜찮아요. 이건 새 걸로 다시 가져다드릴게요!"

확인을 마친 직원은 친절한 미소와 함께 한 손에는 폐허가 된 커피포트를 쥔 채 방을 나갔다. 직원이 떠난 후 안도의 한숨과 기쁨의 환호성이 밀려왔다. 워낙 물가가 비싼 북유럽이다 보니 페널티가 심히 걱정됐었는데. 정말 미안하기는 하지만 페널티는 없어 참 다행이었다. 얼추 원만하게 해결이 된 것 같아 소파에 앉아 이 사건의 발단에 대해 곰곰이 생각했다. 난대체 왜 커피포트를 전기레인지 위에 놓은 것인가?! 생각하면 할수록 창피했다.

'아C, 쪽팔려.'

캐리어에 있는 짐을 다 빼버리고 내가 들어가 그대로 한국행 비행기 수화물로 실리고 싶었다. 이 정도면 최소 한 달은 넘게 매일 밤 이불킥 할 각이었다. 아무리 생각해 봐도 그때 무슨 정신으로 그랬는지 도저히 떠오르지 않았다. 그냥 무의식적으로 그랬던 것 같다. 그렇지! 무의식적인 행동과 습관. 집에서는 커피포트를 쓰지 않아 평소 주전자로 물을 끓이는데, 물을 받고 습관적으로 전기레인지 위에 올린 것이다. 주전자로 착각하고 말이다. 문득 직원의 마지막 미소가 떠올랐다. 기분 탓일 수도 있지만 친절한 미소 사이에 비웃는 것 같은 미소도 순간순간 보였기 때문이다. 여기에 직원이 떠나기 전 했던 마지막 한마디가 내 이런 의심에 더욱 불을 지폈다.

"앞으로는 전기레인지 위에 절대! 올리지 마세요."

잠깐이라도 올려놓지 말라는 건지, 아니면 커피포트 사용법을 모르는 줄 알고 하는 소린지 애매모호한 뉘앙스였다. 혹 후자라면 나 하나 무시당하는 건 괜찮은데 한국 사람들은 커피포트도 쓸 줄 모른다고 오해할까 봐, 한국사람 망신을 내가 다 시킨 건 아닐지 마음에 걸렸다. 물론 요즘 시대가 어떤 시댄데 아직도 이깟 일로 동양인을 오해하고 무시하고 그러겠 냐마는, 웃음의 진정한 의미는 오직 그 직원만 알뿐이다. 그나저나 앞으로 커피는 카페테리아 가서 마시는 걸로.

#스웨덴의 밤은 위험하지 않다?

스톡홀름만큼은 아니지만 예테보리에도 관광지라 할 만한 볼거리들이 있다. 그중 예테보리에서 가장 오래된, 예테보리와 모든 역사를 함께한 건물이 있다 하여 찾아 나섰다. '왕관의 집'이라는 뜻을 가진 크론후세트 (Kronhuset)라는 이름의 건물로 네덜란드 양식의 주거용 건물이다. 본관 에는 목관 오케스트라 공연장, 본관 주변에는 골동품점, 갤러리, 초콜릿 전 문점, 시계방, 액세서리점, 카페가 있었다. 보고, 먹고, 쇼핑하는 재미를 한 곳에서 모두 누릴 수 있어 우리나라 인사동 쌈지길과 같은 복합 문화 공 간이었다. 즐길 거리는 다양했지만 난 다 거두절미하고 딱 하나만 노렸다. 카페 크론후세트에서 글뢰그(Glögg) 한잔 마시기. 글뢰그는 뱅쇼와 같은 '따뜻한 와인'인데 스웨덴을 포함한 북유럽에서는 글뢰그라고 불렀다. 스 웨덴식 뱅쇼인 셈이다. 매년 크리스마스 즈음에 시즌 한정으로 카페 크론 후세트에서 맛볼 수 있다 하여 자칭 애주가로서 꼭 한번 마셔보고 싶었다. 글뢰그에서 스웨덴 한 잔. 캬~~~ 부푼 기대를 안고 크론후세트 근처에 도 착했다. 구글맵이 가리키는 길을 보면 분명 맞게 왔는데 입구가 보이지 않 았다. 어딘가에는 문이 있겠지 싶어 크론후세트 주변을 한 바퀴 빙~ 돌았 다가 다시 제자리로 돌아왔다. 문을 못 찾았다는 말이다. '여긴 어디? 나는 누구?' 순간 멘붕이 왔다. 과거 어떤 스님께서 멈추면 비로소 보인다고 했 던가? 제대로 등잔 밑이 어두웠다. 바로 앞에 입구가 있었다. 처음 찾아왔 던 곳이 맞았다. 다만 당연히 문이 열려 있을 거라고 생각한 나머지 문이 닫힌 곳은 거들떠보지도 않은 것이다. 비로소 입구는 찾았는데 이미 영업 이 끝난 상태였다.

오후 4시면 어둠이 깔리는 12월 스웨덴의 저녁 7시는 우리나라 밤 10시와 비슷했다. 한국은 이제 막 밤 활동을 시작할 시간이지만 스웨덴 사람들에게는 하루를 마무리하는 시간이다. 거리에 인적이 부쩍 줄어들고 차들도 드문드문 다닌다. 버스나 트램도 텅텅 비어있다. 직장인들의 퇴근이 빠른 만큼 가게들도 일찍 문을 닫는다는 걸 대충은 알고는 있었지만 이렇게 일찍 닫을 줄은 몰랐다. 이제 고작 저녁 8시인데. 명색이 예테보리의 핫플레이스이자 관광지인데 저녁 9시까지는 해줘야 하는 거 아닌가?! 혼자 투덜거려봤지만 굳게 닫힌 문은 말이 없었다. 입구 철창 사이로 빼꼼히 바라보며 크리스마스 전에 꼭 다시 오리라 다짐하고 이만 숙소로 발을 돌렸다.

거리는 한층 더 고요해져 있었다. 아니, 고요하다 못해 음산하기까지 했다. 그래도 스웨덴의 치안은 복지만큼이나 믿을 만한 수준이라 했기에 안심하고 성큼성큼 걸었다. 숙소로 가는 길에 리커 숍(Liquor Shop)에 들러 글뢰그를 못 마신 아쉬움을 맥주로 달랠 계획이었다. 혹여나 리커 숍도 닫았을까 싶은 생각에 마음이 급해졌다. 땅만 보며 열심히 걷고 있는데 맞은편에서 인기척이 들렸다. 한 남자가 걸어오고 있었다. 나도 모르게 발을 멈췄다. 그 남자에게서 예사롭지 않은 분위기를 느꼈기 때문이다. 남자는 나를 응시하며 분명 나에게 걸어오고 있었다. 행색도 심상치 않았다. 장발의 금발머리, 여기저기 뾰족한 원뿔 모양의 찡이 달린 가죽 재킷에 타이트한 가죽바지를 봐서는 로커 같기도 했다. 그것도 하드코어 한 헤비메탈 로커. 한 손에는 손가락에 담배를 끼고, 다른 한 손에는 핸드폰을 쥐고서 계속 나를 쳐다보며 다가왔다. 뭔가 불길했다.

'아C, 큰길 놔두고 왜 하필 이 좁은 골목길에서.'

아무렇지 않은 척 그냥 후다닥 지나가야겠다 싶었다. 고개를 땅으로 처박고 급하게 어디 가는 사람처럼 빠르게 걸었다. 남자의 발자국 소리가 점점 커질수록 그와 나 사이가 점점 가까워지고 있다는 게 느껴졌다.

'제발 그냥 가라! 나 외국인이라 돈도 몇 푼 없고 다른 거 줄 것도 없는데. 설마, 때리거나 죽이지는 않겠지? 그냥 선빵 날릴까?'

거리가 좁혀질수록 머릿속에 오만가지 잡생각이 다 들었다. 그리고 마침내, 바라지 않던 일이 일어나고야 말았다. 내 발만 보여야 할 시선 안으로 두 개의 발이 성큼 들어왔다. 순간 한국에서 '도를 아십니까?'를 만났을 때처럼 그냥 무시하고 갈까 생각했지만 몸은 이미 얼음이 돼버려 움직일 수가 없었다. 온몸의 피부가 오돌토돌해지며 소름이 돋았다. 이제 더 이상 피할 수는 없었다. 두려웠지만 천천히 고개를 들었다. 남자가 후~후~ 담배연기를 내뱉으며 약 빤 것 같은 몽롱한 표정으로 나를 쳐다보고 있었다. 나도 모르게 뒷걸음질을 쳤다.

'아, 망했다…'

이제 다 틀렸다. 잔뜩 겁먹은 내 속을 다 들켜 버렸으니 강한 척 뻥카를 칠 수도 없게 됐다. 먼저 뒷걸음질 친 게 행여나 심기를 더 건드리지나 않았기를 바랄 뿐이었다.

"오! 미안해요! 무서워하지 마세요!" (아직도 잊히지 않는 실제 대사 : Oh! Sorry! Don't be afraid!)

'응? 뭐지?'

"혹시 여기 어딘지 알아요?"

담배를 쥔 손가락으로 자신의 핸드폰에 켜져 있는 구글맵을 가리키며 내게 물었다. 예상 밖의 전개에 경계심이 조금은 누그러졌지만 아직 두 가지 의문이 풀리지 않아 여전히 안심할 수 없었다. 하나, 구글맵을 보고 있으면서 왜 물어보는 거지? 둘, 겉모습은 딱 스웨덴 사람인데, 예테보리 사람은 아닌가? 일단 최소한 말투는 또박또박한 것으로 보아 약을 한 것도, 술에 취한 것도 아니라는 생각이 들어 조심스레 다가갔다. 당연히 내가 봐도 가리키는 목적지가 어딘지는 알 수 없었지만 현재 위치를 기반으로 길을 알려주었다. 그런데 남자는 지도가 익숙하지 않아 보는 게 어렵다며 미안하지만 멀지 않다면 혹시 같이 가줄 수 있는지 물었다. 난 다시 느슨해졌던 경계태세를 강화하고 이리저리 짱구를 굴리기 시작했다.

'뭐지? 길치인가? 아무리 그래도 보고 따라가기만 하면 되는 것을.'

남자의 목적지는 내 숙소와 반대 방향이었지만 거리는 그리 멀지 않았다. 큰 길가에 있어 설령 나쁜 마음을 먹더라도 대놓고 어쩌지는 못하지 않을까 생각이 들었다. 뭔가 꺼림직하기는 했지만 아주 위험한 사람은 아닌 것 같아 큰 길까지만 함께 가주기로 했다.

"땡큐 쏘 머치!"

'뭐지? 저 눈웃음의 의미는?'

사소한 행동 하나하나가 여전히 의심스러운 가운데 경계태세를 유지한 채 세상 어색하고 오싹한 낯선 남자와의 동행을 시작했다. 얼마 가지 않아 남자는 나를 멈춰 세웠다. 그러고는 잠깐만 기다리라면서 마침 지나가는 스웨덴 사람(아마도?)에게 다가갔다. 나에게 물었던 길을 또 물어보는 것 같았다. 서로 고개를 끄덕이며 대화를 마친 후 다시 내게 오더니,

"정말 고마웠어요! 아깐 놀라게 해서 미안해요. 저 분과 함께 가면 될 것 같아요."

"아…. 잘 됐네요! 그럼 조심히 가세요~ Bye~(잘 가요~ 빨리 가요~ 제발…)"

상황 종료. 정말 피 말리는 시간이었다. 갑자기 온몸에 한기가 돌았다. 이렇게나 날씨가 추웠었나? 추위도 느끼지 못할 만큼 긴장을 하고 있었나 보다. 아무튼 해피엔딩으로 끝나 다행이었다. 한결 가벼워진 발걸음으로 숙소를 향해 걸었다. 맥주는 포기하기로 했다. 시간이 지체되는 바람에 리커 숍도 이미 문이 닫혀 있을 것 같았다. 게다가 추위 때문에 맥주 생각이 싹 사라졌다.

들던 대로 스웨덴의 밤은 위험하지 않았다. 하지만 해가 짧은 겨울에는 이른 저녁부터 한밤중 같으니, 아무리 치안이 잘되어 있고 시민들의 의식 수준이 높다 해도 어느 정도 조심할 필요는 있을 것 같다. 어디에나 나쁜 사람들은 있으니까. 다음부터는 저녁에 외출을 하거든 호신용으로 쓸 물건 하나 정도는 챙기련다.

#세상 가장 조용한 크리스마스이브

심히 고민이 됐다. 그냥 방에 있을까? 아니면 콧바람이라도 쐴 겸 나갔다 올까? 이런 쓸데없는 주제로 고민을 하고 있는 이유는 크리스마스이브이기 때문이다. 나가자니 커플지옥이고 방에 처박혀 있자니 너무 외롭고 심심했다. 그래도 명색이 크리스마스이브인데 말이다. 베란다 유리창에 비친 소파에 벌러덩 누워 있는 내 실루엣이 처량하고 한심해 보였다.

'그래, 그래도 스웨덴에서의 첫 크리스마스이자 어쩌면 마지막일지도 모르는데 그냥 이렇게 보낼 순 없지.'

언제 고민했었냐는 듯 바로 나갈 준비를 했다.(원래 한 변덕 한다.) 최대한 부릴 수 있는 멋은 다 부렸다. 혹시 또 모르지 않나? 크리스마스이브니까. 영화 '러브 액추얼리(Love Actually, 2003)'에서처럼 어떤 일이든 일어날 수 있다.

크리스마스 분위기를 가장 잘 느낄 수 있는 곳이 어딜까 생각하다가 예테보리 중앙역 근처 노르드스탄 쇼핑몰이 떠올랐다. 스웨덴은 물론 스칸디나비아반도에서 가장 규모가 큰 쇼핑몰로 핸드메이드 공예품부터 시작해 명품 브랜드, 빈티지 숍, 다양한 종류의 먹거리까지 갖추고 있어 평일에도 항상 사람들로 붐볐다. 크리스마스이브인 만큼 커플지옥이라는 말 그대로 온통 팔짱 낀 커플들로 득실거리는 명동 거리와 같은 분위기를 기대하며 노르드스탄으로 향했다. 부랴부랴 나오기는 했는데 노르드스탄에 도착하니 벌써 폐점이 시간이 다 되어갔다. 그래서였을까? 오히려 평소보다 한산했다. 커플지옥이 아닌 걸 다행이라 해야 할지 나왔는데도 심심한 걸 불행이라 해야 할지. 내가 아는 한 예테보리에서 최고로 힙한 곳인데 여기가 이 정도라면 다른 어느 곳을 가도 내가 기대하는 크리스마스이브 분위기를 느끼기는 어려울 것 같았다. 그렇다고 이대로 다시 숙소에 가기는 싫었다. 유럽 하면 '광장'이니 노르드스탄 근처 구스타프 아돌프 광장에 기대를 걸어 보기로 했다.

구스타프 아돌프 광장은 스웨덴 역사상 가장 강력한 군주로 평가되는 구스타프 아돌프 2세(Gustav II Adolf)의 이름을 딴 광장으로 광장 중앙에는 당연히 구스타프 아돌프 2세의 동상이 있었다. 동상 주변으로 예테보리 시청, 법원, 관공서, 시립 박물관 등이 있어 예테보리에서 유동인구가 많은 광장 중 하나였다. 로컬들에게는 주로 만남의 장소, 관광객들에게는 관광명소로 통했다. 밤에는 광장 옆으로 흐르는 잔잔한 강 위에 도시 야경이 비쳐 강 주변 계단에 앉아 로맨틱한 분위기를 잡고 있는 커플들이 자주 눈에 띄곤(실은 거슬리곤) 했다. 그런데 어찌 된 영문인지 오늘은 광장에도 강변에도 개미 새끼 한 마리 보이지 않았다. 오직 구스타프 아돌프만이 우두커니 서있었다. 거리에서는 캐럴이 울려 퍼지고, 반짝반짝 꼬마전구가 거리를 비추고, 커플들 사이에서 이리 치이고 저리 치이고, 그렇지만 그래서 외롭지 않은 그런 거리를 기대하고 나왔건만 어쩜 이렇게 조용할 수 있는지. 예상하지 못한 시나리오에 어리둥절, 오히려 방에 처박혀 있을 때보다도 더 쓸쓸했다.(방에 있으면 따뜻하기라도 할 텐데.) 어쩌겠는가? 현실이 그러한걸. 피할 수 없으면 즐기랬다고 숙소로 돌아가며 나 홀로 조용한 크리스마스이브를 만끽했다. 아무도 없는 광장, 아무도 없는 골목길에서 사람들 눈치 보지 않고 셀피도 찍고 캐럴도 흥얼거리며 발길 닿는 대로 걸었다. 달리 생각하니 이것도 나름 특별한 크리스마스이브였다. 한국에서라면 크리스마스이브에 절대 누릴 수 없는 고요함과 평온함이었다. 평생 잊지 못할 크리스마스이브가 될 것 같았다. 살면서 한번 겪어볼까 말까 한, 세상에서 가장 조용한 크리스마스이브.

　크리스마스가 지난 후, 스웨덴의 크리스마스는 우리나라와는 그 의미가 다르다는 것을 알게 됐다. 물론 우리나라의 크리스마스도 종교 기념일이 기는 하나 공휴일의 의미가 더 큰 반면, 스웨덴의 크리스마스는 단순 기념일이나 공휴일 이상의 큰 명절 같은 의미가 있는 날이었다.(12월 13일, 성녀 루시아를 기리는 루이사 데이-St. Lucia Day-라고 하여 이때부터가 사실상 스웨덴의 크리스마스 시작이다.) 또한 크리스마스에는 크리스마스(Jul) 테이블(bord), 합쳐서 'Julbord(율보드)'라고 하여 가족끼리 모여 크리스마스 음식을 먹는 전통도 있었다. 친구나 연인과 함께인 우리나라와는 달리 집에서 가족과 함께 보내는 사람들이 대부분이라고. 크리스마스이브에 밤거리가 그토록 휑~했던 이유가 있었다. 다시 그날의 추억이 떠오르며 쓸쓸해졌다. 아, 나도 가족이 있는데. 급 엄마가 보고 싶어졌다.

#우산은 넣어둬!

방에 한기가 돌아 평소보다 일찍 잠에서 깼다. 혹시 창문이 열렸나 싶어 비몽사몽 뜬 실눈으로 창문을 보니 와우! 눈이 내리고 있는 것 아닌가!? 그것도 아주 몽실몽실한 덩어리들이 하늘에서 와르르 쏟아져 내리고 있었다. 혼수상태였던 정신이 단번에 맑아졌다. 아침형 시체에서 아침형 인간으로 깨어났다. 바로 나갈 채비를 했다. 깨끗이 쌓여있는 눈이 사람들의 발자국으로 망가지기 전에 내가 제일 먼저 밟고 싶었다. 내로남불(내가 하면 로맨스, 남이 하면 불륜) 같은 심보라고나 할까? 내가 밟는 건 괜찮지만 남이 밟는 건 싫었다.

눈 내리는 스웨덴 거리를 걷고 있자니 매년 크리스마스나 연말 즈음 찾아오는 로맨틱 코미디 영화의 한 장면 속에 들어온 것 같았다. 한 손에 따뜻한 아메리카노 한 잔, 그 옆에 팔짱을 끼고 있는 멋진 금발의 여인까지 있었더라면 정말이지 딱 영화 속 남주인공인데.(쩝…) 현실은 한 손에는 우산, 팔짱은 셀프였다. 뭐 그래도 괜찮았다. 그저 이 장면에 들어와 있다는 것만으로도 충분히 낭만적이었으니까. 하지만 낭만은 딱 여기까지. 눈이 정말 많이 왔다. 크리스마스 로맨틱 코미디 영화가 순식간에 기상특보로 바뀌었다. MSG 좀 쳐서 몇 걸음만 걸어도 우산이 무거워질 만큼 굵기도 알차고 눈발도 거셌다. 그런데 특이한 건 이런 상황 속에서도 우산을 들고 있는 사람은 나뿐이라는 사실. 혼자 외톨이가 된 것 같기도 하고 왠지 이방인이 된 것 같았다. 스웨덴 사람들이 우산을 쓰지 않는 이유는 우산이 익숙하지 않기 때문인데 이는 스웨덴의 우기 때문이었다. 우선 스웨덴의 우기는 우리나라의 장마처럼 비가 자주 많이 내리지 않는단다. 대부

분이 그냥 흐리기만 한 정도. 물론 그 와중에 비가 오기는 하지만 우산을 쓰지 않아도 될 만큼이다 보니 대개 모자를 쓰거나 그냥 맞고 다닌다고 한다. 비도 맞고 다니는 사람들이니 뭐 눈이 대수겠는가? 쌓이면 그냥 툭툭 털면 그만인 것을. 맞다! 눈은 툭툭 털면 그만이다. 아무데나 소박함을 갖다 붙이는 억지스러운 발상일지 모르겠으나 이런 모습에서도 스웨덴 사람들의 소박함이 느껴졌다. 비가 오면 비가 오는 대로, 눈이 오면 눈이 오는 대로, 자연을 거스르지 않고 있는 그대로 받아들이려는 모습. 그게 의도 됐건 아니건 자연스러운 생활문화로 자리 잡혀 있었다.

   나도 우산은 고이 접어두고 모자를 뒤집어썼다. 이 얼마 만에 맞아보는 눈이던가? 일부러 눈 맞으러 나갔던 어릴 적 추억이 떠올랐다. 엄마가 밖에 눈 온다 하면 제일 먼저 물어본 게 "뽀드득 눈이야?"였다. 밟으면 뽀드득 뽀드득 소리가 나고, 조몰락조몰락 거리면 잘 뭉쳐져 가지고 놀기에 가장 좋은 눈. 난 그걸 '뽀드득 눈'이라 부르곤 했다. 뽀드득 눈이 올 때면 온 동네 친구들을 불러 모아 눈싸움도 하고 눈사람도 만들었다. 그때의 순수했던 동심은 어른이가 되면서 영영 떠나간 줄 알았는데 이렇게 눈을 맞으니 집 나갔던 동심이 다시 돌아왔다. 추억도 함께 돌아왔다. 숙소로 돌아가거든 우산은 캐리어에 박아두련다. 예테보리에 있는 동안만큼은 나도 자연을 받아들이기로 했다. 아! 근데 눈은 그럭저럭 맞을 만한데 비가 걱정이다.

#스웨덴의 새해맞이

12월 31일. 한 해의 마지막 날. 오늘만큼은 스웨덴 사람들도 일찍 잠들지 않는단다. 해넘이 카운트다운을 해야 하니까. 숙소 직원의 첩보에 따르면 오늘 밤 예타광장에서 해넘이 행사가 있을 예정이라고. 해외에서 해를 넘기기는 처음이었다. 과연 스웨덴의 해넘이는 어떨지 설레고 흥분되는 가운데 들뜬 마음 부여잡고 예타광장으로 향했다. 예타광장은 1923년 예테보리에서 개최된 세계 박람회를 위해 만들어진 예테보리를 대표하는 중앙광장이자 랜드마크다. 중앙에 분수대가 있고 주변으로는 예테보리 미술관, 시립 극장, 콘서트홀, 공립 도서관 등이 있어 예테보리 문화, 예술의 중심지다. 광장 중앙의 분수대에는 매끈하면서도 탄탄한 몸매를 자랑하는 포세이돈 상이 있었다. 예타광장의 상징이다. 바다의 수호신답게 한 손에는 커다란 물고기를 움켜쥐고 다른 한 손으로는 조개를 떠받치는 형상이었다. 마치 자신이 이 바다의 주인이라는 듯. 하지만 무엇보다 시선을 강탈하는 건 따로 있었으니, 그건 바로 남자의 소중한 '그것'.(므훗) 실오라기 하나 안 걸치고 있는 탓에 아주 적나라하게 드러났다. 하물며 디테일까지 살아있으니 그 모습이 위풍당당! 하다고 하기에는 근데 '그것' 참…. 신이라고 해서 상상했던 것 만큼 뭐 아주 그리 대단하지는 않았다.

포세이돈상 주변으로 행사 준비가 한창이었다. 무대와 조명, 그리고 여러 대의 카메라들이 설치되고 있었다. 자정까지는 아직 시간이 있어 사람들이 빽빽하게 모여 있지는 않았다. 명당 선점을 위해 죽치고 기다릴까 했지만 가만히 있기에는 추운 날씨였다. 몸도 녹이고 시간도 때울 겸 예테보리 밤 산책을 나서기로 했다. 밤 10시가 넘도록 활기찬 예테보리는 오

늘 같은 날이 아니면 볼 수 없을 테니. 먼저 예테보리 최고 번화가로 손꼽히는 아베닝 거리를 찾았다. 스웨덴은 물론 스페인, 이탈리아, 프랑스, 영국, 하와이, 미국, 태국, 인도 등 다양한 나라의 퓨전 레스토랑들이 즐비했다. 한마디로 맛집 옆에 맛집. 패스트푸드와 카페, 그리고 밤 문화 하면 빠질 수 없는 바와 클럽들도 여기에 다 모여 있었다. 청춘들의 성지였다. 아니나 다를까 한 클럽 앞은 어림잡아 50미터 정도는 웨이팅이 이어져있었다. 스웨덴의 클럽은 어떨지(솔직하게는 스웨덴 여자들은 어떨지) 궁금함에 나도 슥~ 웨이팅 대열에 합류했다. 줄을 서고 얼마 지나지 않아 내 뒤로 금발의 스웨덴 여자 2명이 따라붙었다. 올블랙의 가죽 코디와 개성 강한 메이크업에서 '나 오늘 집에 안 갈래!' 하는 의지와 열정이 느껴졌다. 난 순간 압도당했다. 올블랙 가죽 때문도 아니요 강한 메이크업 때문도 아니었다. 그녀들의 웅장한 자태 때문. 스웨덴 사람들은 바이킹의 후예로서 대체적으로 골격이 컸다. 서양인들 중에서도 말이다. 여자라고 다르지 않았다. 남자이긴 하나 마른 편인 내가 그녀들 앞에 있으니 유독 더 멸치가 됐다. 들어가기도 전에 자신감이 급격히 떨어졌다. 이래서 어디 말 한마디 붙일 수 있으려나. 그때 마침 예타광장 쪽으로 우르르 몰려가는 사람들 행렬이 눈에 띄었다. 드디어 시작된 것이다. 해넘이 행사 명당 쟁탈을 위한 싸움이. 해넘이 보다야 당연히 여자가 더 좋은 피 끓는 청춘이지만 오늘은 해넘이를 보러 왔으니 클럽은 내년에 자신감을 회복한 후 다시 오기로 하고 다시 예타광장으로 향했다.

　진즉에 더 일찍 왔어야 했다. 명당은 이미 사람들로 발 디딜 틈이 없었다. 그놈의 스웨덴 클럽이(여자가) 뭐라고. 자업자득이었다. 하는 수 없이 그나마 잘 보이는 곳에 아쉬운 대로 둥지를 틀었다. 해넘이 행사가 한창 진행 중이었다. 예테보리 미술관의 외벽을 스크린 삼아 시계가 띄워져있었다. 무대에서는 MC와 게스트들이 외계어로 이야기를 나누다가 사람들이 지루해할 때쯤 공연이 펼쳐졌다. 분명 스웨덴에서는 꽤나 유명한 사람들일 텐데 난 누군지도, 뭐라고 하는 지도 전혀 알아들을 수 없으니 솔직히 재미없었다. 그저 스크린으로 보이는 초시계만 바라보며 카운트다운 하는 시간이 오기만을 바랐다. 그리고 다가온 12월 31일, 23시 55분. 드디어 새해가 5분 앞으로 다가왔다. 어느새 예타광장과 그 주변, 아니 온 예테보리 거리가 사람들로 꽉 차있었다. 앞만 보고 기다리느라 몰랐는데 뒤를 돌아보니 저 멀리 아베닌 거리까지 사람들로 빼곡했다. 많은 인파들 사이 와인을 병째로 들고 다니는 사람들이 눈에 띄었다. 이래 봬도 길거리에서 맥주 병나발 꽤나 불어본, 나름 스트리트 드링커인데 와인을 병째 들고 마시

는 건 처음 봤다. 우아함도 놓치지 않았다. 한 손에는 와인잔을 들고 있었다. 광장에서 즐기는 스탠딩 와인이라. 크으~ 이것이 북유럽 갬성인가? 스트리트 소믈리에들에게 한눈 팔린 사이 드디어! 카운트다운이 시작됐다. 숫자 떼창이 시작됐다.

 7-6-5-4-3-2-1!

 "!@!##!#!@~~~~~~"

무슨 말인지는 모르지만 굳이 물어보지 않아도 이건 분명 Happy New Year다. 사람들의 환호성과 함께 하이라이트인 불꽃놀이가 시작됐다. 펑! 펑! 퍼버벙! 도시의 조명이 그대로 하늘 위로 올라간 듯 불꽃들이 반짝반짝 하늘을 밝혔다. 쉴 새 없이 터지는 불꽃들 사이로 누군가의 소망과 염원이 담겼을 홍등은 은근한 빛을 발하며 유유히 하늘을 가로질렀다. 어떤 사람은 만세를 하듯 양팔 벌려 소리를 지르고 어떤 사람들은 서로 아는 사람인지 모르는 사람인지 다 같이 어깨동무를 하고 춤을 추기도 했다. 스트리트 소블리에들은 온갖 폭죽 소리와 화약 냄새가 번지는 이 전쟁터 같은 상황에서도 우아하게 건배를 했다. 우리나라의 새해맞이가 33번 울리는 보신각종소리를 들으며 지난해를 되돌아보는 경건하고 차분한 분위기라면 스웨덴에서도 여기 예테보리의 새해맞이는 지난해고 새해고 뭐고 그냥 이 순간을 즐기자는 축제 같았다. 그야말로 흥분의 도가니탕. 그리고 나는 역시 축제가 체질. 나이는 한국 가서 먹는 걸로 하고 나도 이 분위기 바로 올라탔다. 비록 와인도 맥주도, 어깨동무할 친구도 없었지만 나에겐 가느다랗고 길쭉한 두 팔이 있었으니. 양팔 벌려 소리 벗고, 팬티 질렀다.

"해피 뉴 이어어어~~~!"

#지금까지 이런 교회는 없었다

치과에 가면 치과 냄새, 책방에 가면 책 냄새가 나듯 교회에도 교회 특유의 냄새가 있다. 뭔가 사람을 차분해지게 만드는 아로마 같은 향기랄까? 그래서 교회에 가면 마음이 편안해지곤 한다. 예테보리에 지내면서 종종 교회에 갔다. 예배를 드리러 간 건 아니고 예배가 없는 시간에 찾아가 그냥 지긋이 눈만 감고 앉아 있었다. 교회에서 나만의 재충전 시간을 보냈다.

스웨덴 사람들의 대부분은 개신교 교파 중 하나인 루터교다. 그렇다 보니 예테보리에도 곳곳에는 큰 교회들이 많았다. 일반 상가 건물 옥상에 첨탑 하나 딸랑 올려놓고 그 위에 십자가만 꽂아둔 우리나라 동네 교회들과는 클래스가 완전히 달랐다. 대부분이 뾰족뾰족한 첨탑에 수직적인 느낌이 강한 고딕 양식이고, 그 외에도 네오고딕, 로마네스크, 고전주의, 낭만주의 등 중세 유럽풍의 건축 양식이 주를 이뤘다. 웅장하고 멋스러웠다. 그중 평소 오며 가며 본 특이한 교회가 있어 직접 가보았다. 고딕 양식 치고는 낮고, 작고, 무엇보다 첨탑에 십자가가 없었다. 그렇다고 또 교회가 아니라고 하기에는 누가 봐도 교회 같았다. 어쩌면 근처에 있는 큰 교회의 분교 정도가 아닐까? 어쨌든 교회가 맞다면 분명 편안한 향을 품고 있을 터. 경건한 마음으로 문을 열었다. 그런데 열자마자 이상한 향기가, 아니 냄새가 강렬하게 코를 찔렀다. 바다 내음 한가득 품은 신선한 비린내가 코끝을 맴돌았다. 당황스러웠다. 교회에서 오늘 생선 바자회를 하나 싶었다. 후각을 공격당해 잠시 흔들렸던 멘탈을 부여잡고 안을 들여다봤다. 이번엔 뒤통수를 공격당했다. 2연타 콤보를 맞으니 정신이 혼미해질 지경이었다. 구닥다리 표현일지 모르겠지만 영화 '식스센스' 이후 최고의 반전이었다.

중앙에는 제단, 그 앞으로 길쭉한 교회 의자들이 열 맞춰 놓여 있는 모습을 상상했는데 제단이 있어야 할 자리에는 반대쪽 출입구가 있고 의자들이 있어야 할 자리에는 생선가게들이 늘어서 있는 것 아닌가? 그제야 알게 된 이곳의 정체는 교회의 탈을 쓴 수산시장이었다. 이름하여 생선교회. 건물 생김새와 이름이 완전 찰떡이었다. 아! 그제야 건물 옆모습에 숨어있었던 생선가시가 내 머릿속을 스쳤다. 특히나 밤이면 더 선명하게 나타나곤 했는데 생선교회 바로 옆으로 흐르는 강을 건너 맞은편에서 생선교회 옆모습을 바라보면 강물에 반영이 비쳤다. 그 모습이 딱 뼈만 앙상하게 남은 생선가시 모양이었다. 예수님 뵈러 왔다가 생선과 해산물만 실컷 보고 갈 판이었다. 그냥 나갈까 하다가 이왕 들어온 거 기도는 마음으로 드리기로 하고 시장 구경이나 한번 하고 가기로 했다.

  생선교회는 우리나라 노량진 수산시장에 비하면 규모는 작았지만 생선들만큼은 작지 않았다. 골격이 큰 북유럽 사람들을 닮았는지 생선들도 크기가 컸다. 오동통한 게 제법 실했다. 대부분 당일 갓 잡은 생선들이라고 한다. 윤기가 좌르르 흐르는 게 신선해 보였다. 다양한 생선들뿐만 아니라 새우, 가재와 같은 갑각류를 비롯해 굴과 같은 패류도 있었다. 규모는 작아도 있을 건 다 있었다. 가게 사장님들도 모두 친절했다. 기웃기웃하며

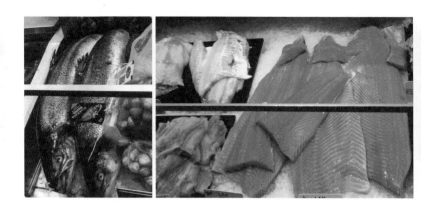

소심하게 사진을 찍고 있으면 가까이 와서 제대로 잘 찍어달라며 오히려 나에게 요청했다. 물론 그러면서 슬쩍 생선 한 마리를 보여주며 영업이 들어오기는 했지만 우리나라 수산시장에 비하면 이 정도는 애교였다. 반대편 쪽 출입구 2층에는 식당이 있었다. 기본적으로 식당에서 내보이는 메뉴들이 있지만 아래 가게에서 사 온 재료를 주면 즉석으로 요리도 해준단다. 그 말을 듣고는 내려가서 싱싱한 놈으로 한 놈 골라볼까 했지만 생각보다 비싼 가격에 좌절했다. 미친 북유럽 물가라는 말을 실감했다. 더 놀라운 것은 그나마 여기가 시장이라 싼 편이란다. 아니 그럼 일반 마트들은 얼마나 더 비싸다는 건지. 갑자기 시장에 온 스웨덴 사람들이 달리 보였다. 내 눈엔 다 부르주아였다. 가게 사장님들 덕분에 따뜻한 온기를, 미친 물가에 차가운 한기를, 온탕과 냉탕을 드나들었던 시장 구경을 마치고 이만 밖으로 나왔다. 그 사이 기온이 떨어졌는지 유난히도 춥게 느껴졌다. 기분 탓이겠지? 괜히 가격표는 봐가지고. 이럴 줄 알았으면 다른 교회로 예수님이나 뵈러 갈 걸 그랬다.

인간에게는 높은 곳을 좋아하는 본능이 있다. 아주아주 먼 옛날부터 전해져 내려온 생존을 위한 안전욕구 때문이기도 하고, 오랫동안 서열 문화에 길들여진 탓도 있다고 한다. 그래서 고소공포증이 있지 않고서야 대개 높은 곳에 있을 때 안정감을 느낀단다. 왜 드라마에서도 보면 직장 상사에게 영혼까지 탈탈 털리고 나면 분을 삭이기 위해 찾는 곳이 건물 옥상이지 않은가? 옥상에서 커피 한 잔에 담배 한 개비 물고 세상을 내려다보면서 (상사 뒷담화와 함께) 마음을 다독이는 장면을 심심치 않게 볼 수 있다.

여행을 할 때도 높은 곳을 좋아하는 인간의 본능은 마찬가지다. 개인적으로는 여행자일 때 그 본능이 더 강해진다. 그래서 어느 도시를 가든 그곳에서 가장 높은 곳, 전망이 좋은 곳을 하이에나처럼 찾아가곤 한다. 예테보리에서도 예외일 순 없었다. 매일 아침 눈을 뜨면 창문 너머로 빨간색에 흰 줄무늬가 있는 빌딩이 보였다. 주변에 고층 건물이 거의 없다 보니 유독 튀었다. 무슨 빌딩일까 싶어 찾아보니 이름은 '립스틱 콘퍼런스'. 일명 립스틱 빌딩이었다. 빌딩 모양과 색깔이 빨간색 립스틱을 닮아 붙여진 이름이다. 그 근방에서 가장 우뚝 솟은 건물답게 꼭대기에 전망대가 있었다. 전망대인데 고작 22층이라는 게 함정이지만 예테보리에서는 충분히 마천루*(하늘을 찌를 듯이 솟은 아주 높은 고층 건물, Skyscraper) 역할을 할 수 있었다. 여행자의 본능이 꿈틀거려 가보지 않을 수 없었다. 차디찬 아침 공기를 맞으며 립스틱 빌딩으로 출발했다.

평소 같으면 한 손에 핸드폰을 쥐고 구글맵을 켠 채 다녔겠지만 이번에는 대충 방향만 확인했다. 멀리서도 립스틱 빌딩 꼭대기의 빨간색이 잘 보였기에 대충 감으로 찾아갈 수 있을 것 같았다. 빨간색 꼭대기가 보이는 방향으로 무작정 걸었다. 건물 사이사이로 골목을 휘저으며 걷다 보니 탁 트인 운하가 나왔다. 예타 운하였다. 이제부터는 운하를 따라 쭈욱 직진이다. 차가운 강바람을 맞으며 운하를 따라 걸었다. 한 선착장에 배 여러 대가 정박해있었다. 그중 'J19'라고 적힌 군함이 내 시선을 강탈했다. 군함을 실제로 보는 것은 처음이라 신기했다. 실제로 운용되는 건 아니고 군에서 퇴역 후 현재는 '마리티만(Maritiman)'이라는 해상 박물관의 선박 컬렉션 중 하나로서 전시되어 있는 것이었다. 크고 작은 배들이 총 19척 전시되어 있다고 하는데 운하에 전시된 배들 중 단연 압도적이었다. 군함에 한눈 팔린 나머지 삼천포로 빠질 뻔했다. 다시 립스틱 빌딩으로 출발. 예테보리 오페라 극장과 바이킹 호텔을 지나 립스틱 빌딩에 도착했다. 한국인을 대표해 한국인 감성으로는 립스틱보다 여의도 쌍둥이 빌딩과 더 닮아 보였다. 바라보는 각도에 따라 쌍둥이 빌딩이 한 몸으로 붙어있는 것처럼 보였다. 그렇다면 샴쌍둥이 빌딩? 전망대로 올라가기 위해 입구로 향했다. 하지만 입구 앞에서 더 이상 들어갈 수가 없었다.

「Only Weekday, 11AM~15PM」

가는 날이 장날이라더니 하필 오늘은 즐거운 주말이었다. 게다가 평일에도 오후 3시까지라니. 오후 4시에 퇴근하는 나로서는 평일에도 올 수가 없는 곳이었다. 고지를 바로 앞에 두고 발길을 돌려야 했다. 아쉬운 마음 안고 숙소로 돌아가려는데 립스틱 빌딩 뒤로 큰 다리가 하나가 보였다. 제법 높이가 있는 걸로 보아 다리

위에서 바라보는 전망이 나쁘지 않을 것 같았다. 추위를 뚫고 여기까지 걸어온 게 아깝기도 하니 꿩 대신 닭 삼아 한번 올라가 보기로 했다. 다리 기둥에 연결된 계단을 통해 다리 위로 올라갔다. 보행자 길을 따라 다리의 한 가운데로 이동했다. 그리고 예테보리를 바라봤다. 다리 위에서의 전망은 존망이었다. 높이가 애매하기도 했지만 이곳에서 바라보는 예테보리 전경 자체가 생각보다 평범했다. 립스틱 빌딩 전망대에서 봤어도 별반 다르지 않았을 것 같았다. 전망대에 오르지 못해 시무룩했던 기분이 조금은 풀렸다. 하지만 아직 만족스러운 전망을 보지는 못해 여전히 갈증은 남아 있었다.

숙소로 돌아와 꽁꽁 언 몸을 녹이며 '예테보리 마천루'를 검색했다. 우리

모두의 백과사전(위키백과)에 따르면 립스틱 빌딩은 예테보리에서 3번째로 높은 건물이었다. 더 높은 곳이 2군데나 더 있었다. 그중 제일 높을 건물은 최고 높이 29층의 고디아 타워였다. 총 3개의 타워가 키 순서대로 나란히 있는데 그중 가장 동쪽에 있는 고디아 이스트 타워가 29층으로 예테보리에서는 1등, 스웨덴 전체에서는 6등이었다. 립스틱 빌딩과 마찬가지로 컨벤션 센터이자 4성급 호텔이었다. 전망대는 따로 없는 대신 25층에 통유리창으로 된 바가 있었다. 사진으로 보니 딱 내가 찾던 곳이었다. 저녁을 먹고서 바로 고디아 타워로 향했다. 타워로 들어와 엘리베이터를 타고 25층 칵테일바에 도착했다. 사진으로 봤던 그 풍경, 사방이 통유리로되어 있어 실내인 듯 실내 아닌 루프탑 같은 실내였다. 칵테일 한 잔 시켜놓고 탁 트인 예테보리의 야경에 빠져들었다. 칵테일도 야경도 속이 다 후련했다. 낮에 얹혔던 체증이 다 씻겨 내려가는 것 같았다. 역시 답답할 땐 높은 곳이 최고다.

#박물관은 재미있다 1

어릴 적 학교에서 하는 행사 중 유독 박물관 견학을 싫어했다. 학교에서 공부하는데 밖에 나가서도 공부하라고?! 평범한 어린이들 중에서도 특히나 공부를 싫어했던 땐질이였기에 박물관 견학은 매일 해야 하는 학습지만큼이나 싫었다. 그 어린이가 그대로 어른이가 되었고, 물론 여전히 공부도 박물관도 싫어한다. 그런 내가 예테보리 시립박물관을 찾았다. 뒤늦게 학구열이 불타오른 거냐고? 놉! 절대! 네버! 설마 그럴 리가. 해는 서쪽에서 떠도 나는 절대 그럴 일이 없다. 난 참 한결같은 사람이니까.

예테보리 살이 보름째가 되니 웬만한 곳은 다 가보았다. 더 이상 새롭게 가볼 만한 곳이 없어 마지막으로 남겨둔, 아니 남겨 두었다기보다는 한쪽 구석 깊이 처박아두었던 박물관 카드를 꺼낼 수밖에는 없었다. 왠지 입장료 본전도 못 뽑고 금방 나오게 될 것 같은 예감이 들었지만 그래도 유럽의 박물관은 어떻게 되어 있는지 손톱의 떼만큼은 궁금하기는 했으니 한번 가보기로 했다.

구스타프 아돌프 2세 광장에서 운하를 따라 독일교회가 있는 방향으로 가다 보면 우측으로 에메랄드 색 지붕의 건물이 나온다. 그 건물이 예테보리 시립 박물관이다. 평소 자주 왔다 갔다 했던 곳인데 박물관 치고는 평범한 외관에 박물관이었다는 사실을 이제야 알았다. 문을 열고 들어가니 티켓 오피스에 계신 아주머니께서 반가운 미소로 맞아주셨다. 성인 1명당 40크로나.(우리나라 돈으로 약 5300원, 2021년 현재는 60크로나로 올랐다. 약 8000원.) 박물관에 자주 다녀보지를 않아 싼 건지 비싼 건지 가늠이 되지는 않았지만 대충 커피 한잔 값쯤 되는 거 같아 쿨하게 티켓을 구매했

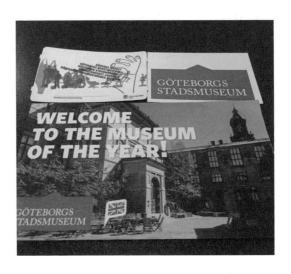

다. 아주머니께서 티켓을 건네주시며 꿀팁을 알려주셨다.

"이 티켓으로 여기 있는 총 5개의 박물관을 모두 갈 수 있어요."

"아, 정말요? 근데 혹시 하루에 다 가야 하나요? 추가 요금 같은 건 없나요?"

"유효기간은 1년이에요. 그 안에는 언제든지 갈 수 있어요. 추가 요금 없어요. 이미 이 티켓으로 다 지불한 거예요."

"오~~~ 좋네요! 감사합니다!"

일종의 클럽데이 프리 패스 티켓 같은 개념인 것 같았다. 유효기간이 1년이라니 내가 한국으로 돌아갔다가 1년 안에만 다시 오면 이 티켓으로 관람이 가능한 것이다. 5곳을 모두 가게 되면 가격도 5개 박물관의 입장료가되니 비싸지 않게 느껴졌다. 박물관을 좋아하는 사람들에게는 정말 좋을 것 같았다. 라커에 짐을 넣어두고 안내 책자와 핸드폰만 들고서 관람을 시작했다. 예테보리 시립 박물관은 예테보리의 과거에서부터 현재까지의 역사가 전시되어 있는 예테보리 최대 박물관이었다. 먼 과거에서부터 관람을 시작했다. 서기 700년 경의 유물들이 있었다. 어디에 쓰는 물건인지 알 것 같으면서도 특이하게 생긴 것들이 많아 전시품마다 붙어있는 설명들을 꼼꼼히 읽었다. 다음 전시실에서는 영화 '토르(Thor)'로 익숙한 북유럽 신화가 나왔다. 영화의 주인공인 토르는 물론 토르의 아버지 오딘(Odin)과 어머니 프리가(Frigga)까지. 종잇장만큼이나 얇은 지식이었지만 그래도 아는 게 나오니 재밌었다. 뭐지? 이거 실화인가? 내가 지금 박물관에서 재미를 느끼고 있는 거니?! 괜히 인정하고 싶지 않았지만 인정할 수밖에 없었다. 북유럽 신화로 흥미가 생기자 나머지 이야기들도 궁금했다. 스웨덴 사람들은 뭐 먹고 살아왔는지, 지금의 예테보리는 어떻게 지금의 모습이 되었는지. 애초에 대충 휙 둘러보고 나올 생각이었는데 전시 방향을 알려주는 화살표를 따라 걷다 보니 어느새 1층에서 3층, 그리고 다시 1층으로. 예테보리 시립박물관을 완주하고 말았다. 박물관에 왔을 때가 점심시간이 갓 지난 시간이었는데 나오니 어느덧 저녁시간이 되어 있었다. 하도 서있었더니 허리도 쑤시고 발바닥도 아팠다. 목도 마르고 배도 고팠다. 이 모든 고통을 느낄 수 없을 만큼 집중했고 재미있었다. 박물관이 원래 이렇게 재밌는 곳이었나? 그동안 난 왜 박물관을 싫어했을까? 아무래도 NO관심에서 비롯된 경험의 부재이지 않을까 싶었다. 꼬꼬마 시절부터 좋아하지 않다 보니 어른이가 되어서도 딱히 가볼 생각을 하지 않았던 것 같다. 딱 한 번이라도 가봤더라면 더 일찍 이 재미를 알게 되었을지도 몰랐을 텐데 말이다. 한편으로는 우리나라가 아닌 예테보리에서 이런 경험을 하게 되어 다행이라는 생각도 들었다. 한글로 된 작품 설명이었다면 하나하나 읽기 귀찮아 대충 흘겨봤을 텐데 영어다 보니 한 글자도 놓치지 않고 또박또박 읽어야 했다. 그래야 겨우 이해를 할 수 있었으니까. 본의 아니게 정독하다 보니 내용이 머릿속에 팍팍 꽂혔다. 아는 만큼 보인다는 말이 사실이었다. 아는 게 생기니 보이는 게 많아졌고, 새로운 것을 발견하고 알아가는 과정에서 즐거움을 느꼈다. 30년 만에 박물관의 재미를 알게 됐다.

박물관 프리 패스 티켓은 원래 예테보리를 떠나기 전 협력사 스웨덴 직원에게 줄 생각이었다. 나머지 4곳의 박물관에 갈 일 있으면 가시라고. 아무리 세상일 모른다지만 1년 안에 내가 다시 예테보리에 올 수 있을 것 같지는 않았다. 하지만 생각이 바뀌었다. 내가 다 가는 걸로. 아직 예테보리 살이 5일을 더 해야 하니 1일 1박물관 하면 모두 갈 수 있었다. 바로 다음 날부터 난 정말 1일 1박물관을 찍었다. 스웨덴 유일의 디자인, 패션, 장식 예술 박물관인 레슈카 박물관을 시작으로 예테보리 최대의 미술관으로 개인적으로 가장 만족스러웠던 예테보리 미술관, 400년에 달하는 스웨덴 해양사를 둘러볼 수 있는 해양사 박물관, 예테보리에서 가장 오래되었다는 자연사 박물관까지. 이로써 예테보리 5대 박물관을 모두 섭렵했다. 그리고 역시나 박물관은 재미있었다.

❸

세 남자의 너무 뻔한 도쿄

왕초보여행자 세 머스마들의 우정여행

한주의 끝이자 주말의 시작인 금요일 저녁, 퇴근 후 10년 지기 베프 성우와의 술 한 잔.

"야, 우리 같이 여행 한번 안 갈래? 같이 해외는 안 가봤잖아."

"좋지! 근데 어디로?"

"가까운데 가자. 서로 시간 내기 편하게. 금요일 연차 써서 금토일로."

"그럼…. 도쿄 어때?"

"일본? 너 일본어 할 줄 아냐?"

"쪼금? 회사에 일본어 할 줄 아는 형 있는데. 같이 갈까?"

"오~ 좋다! 당장 섭외해!"

나와 성우, 그리고 성우의 직장동료인 상훈이형까지. 이 셋의 조합이 아직은 서로 다 어색한 우리 세 남자는 그해 여름, 곧 다가오는 장마를 피해 도쿄로 떠났다.

남자들의 대화는 종종 유치할 때가 있다. 가령 [마징가 Z 와 로봇 태권V 가 싸우면 누가 이길까?]와 같은 대화들이다. 오다이바로 향하는 지하철 안, 세 어른이는 이 유치한 주제를 가지고 대화의 꽃을 피웠다. 대화의 결론은? 잘 모르겠다로 끝이 났다. 사실 밀레니얼 세대인 우리에게는 마징가 Z 와 로봇 태권V 보다는 건담이 익숙했다. 어릴 적 설명서를 따라가며 한 땀 한 땀 장인 정신으로 조립했던 건담. 완성된 아이들을 책장 한 칸에 정렬시켜 놓고는 행여나 부서질까 내 몸처럼 아끼다가도 심심할 땐 생명을 불어넣어 내가 짠 시나리오대로 가지고 놀곤 했다. 집집마다 한 대씩 가지고 있는 아빠 차처럼, 건담도 그랬으면 얼마나 좋을까 하는 상상을 해 본 적이 있다. 아이들마다 하나씩 자신의 건담이 있고 그 건담을 타고 넓은 운동장에 함께 모여 노는 상상, 아닌 허황된 꿈을 꾸었더랬다.

다이버 시티 도쿄 플라자에 도착했다.

"아따 고놈 참 잘 생겼네!"

딱 벌어진 어깨, 탄탄한 하체, 두툼한 가슴, 거기에 조막만 한 얼굴까지. 8등신의 황금비율이다. 연한 회색 베이스에 파랑, 빨강, 노랑으로 포인트를 준 색의 조화 역시 마음에 들었다. 어릴 적 꿈속에서 만났던 그 녀석이 눈앞에 떡~하니 서있었다. 어언 30년 만에 꿈에서나 만날 수 있었던 친구를 실제로 만나니 반갑고 신기했다. 만화 속 실제 사이즈라고는 하는데 내가 많이 커버린 탓인지 어릴 때 상상했던 크기보다는 작게 느껴졌다. 초딩시절 유행했던 라떼개그 중에 전쟁이 나면 청와대 지붕이 열려 로봇 태권V가 출동한다는 썰이 있었는데 이 정도 크기라면 충분히 숨길 수도 있을 것 같았다.

"저거 안에 조종실은 있을까? 한 번 타보고 싶네."

"가운데 움푹 들어간 저기가 조종실 아닐까? 만화 보면 보통 심장부에 있잖아."

"그러네~ 관절 부분도 보면 움직일 수 있게 되어 있어."

이것이 진정 평균 나이 서른셋의 대화인가? 건담 하나에 우린 어린 시절로 돌아갔다. 누가 더 세네, 누가 더 멋있네 하며 현실에 존재하지도 않는 로봇으로 힘겨루기를 하던, 우리 집보다 지구의 안위를 더 걱정했던 그 시절로. 어른이 된 후로 동심이 완전히 사라진 줄 알았는데 사라진 건 아니었다. 그저 어른인 척하느라 내 안에 감춰져 있었을 뿐.

악상이 떠오른다. In New York~~~♪…… Let's here it for New York, New York, New York~~~♪ 미국은 한 번도 가본 적 없지만 Jay-Z의 'Empire State Of Mind(feat. Alicia Keys)'가 절로 나왔다. 그렇다! 여기는 뉴욕이다! 라고 착각하게 만드는 오다이바 자유의 여신상 앞이다. 여신님이 왜 여기서 나와~~~요?! 오다이바의 자유의 여신상은 프랑스혁명 100주년을 기념해 미국이 프랑스에 선물해 준 자유의 여신상을 복제한 것이었다. 본래는 1998년 '프랑스의 해'를 맞이해 일본이 프랑스 파리에서 실제 자유의 여신상을 빌려와 1년간 전시를 했었는데, 전시가 끝난 이후 재건의 목소리가 커져 프랑스의 허가를 받아 복제품을 만들어 지금의 오다이바에 있게 된 것이다. 난 지금까지 자유의 여신이 뉴욕 출신인 줄 알았는데 애초에 뉴요커가 아닌 파리지앵이었다는 사실이 놀라웠다.

자유의 여신상 주위로 하나둘 불이 밝혀지기 시작했다. 종일 흐린 날씨에 비도 오락가락해서 낮이 가는 줄도 몰랐다. 어느덧 도쿄의 밤이 찾아왔다.

"오~ 무지개 떴다!"

아니 너는 또 왜 거기서 나와~~~?! 비온 뒤 맑게 갠 낮에 뜨는 게 무지개이거늘 이 밤에 웬 무지개? 날씨도 여전히 꾸리꾸리한데 말이다. 생뚱맞게 등장한 무지개의 정체는 진짜 무지개가 아니라 레인보우 브릿지였다. 불이 밝혀지기 전에는 그냥 자유의 여신상 뒤에 있는 애 정도였는데 불이 밝혀지니 레인보우 브릿지 앞에 있는 자유의 여신상으로 전세가 역전됐다. 흔히 말하는 생얼과 풀메의 차이를 레인보우 브릿지가 몸소 보여줬다.

그런데 선명하게 드러난 다리의 모습이 어딘지 낯익었다.

"갑자기 뉴욕에서 부산으로 온 것 같은 건 나만 그런 거냐?"

"광안대교 아님?"

광안대교를 똑! 떼어 그대로 툭! 내려 놓은 것 같았다. 그래서 해보는 이상형 월드컵. 어떤 게임이든지 게임 중 가장 재밌는 게임은 뭐니 뭐니 해도 한일전이니까.

"광안대교 vs 레인보우 브리지, 하나, 둘, 셋?"

당연히 만장일치로 광안대교 승! 우린 한국인이니까. 비록 눈앞에 빛나고 있는 레인보우 브릿지에 한시도 눈을 떼지 못하고 있었지만 말이다.

#타워 원정대

날씨가 갰다. 비온 뒤라 그런지 여름인데도 하늘이 높아 보였다. 높은데 올라가 내려다보기 딱 좋은 날씨였다. 그런 날씨와는 반대로 우리들의 마음은 흐림이었다. 비도 올락 말락, 자칫 더 나빠지면 천둥번개까지 칠 판이었다.

"도쿄에 왔으니까 도쿄 타워는 가봐야 하지 않을까?"

"난 도쿄 타워 가본 적 있어서 이번엔 도쿄 도청사에 가보고 싶은데…."

"난 롯폰기 힐스 모리 타워가 좋아 보이던데."

문제는 '어디를 갈 것인가?'였다. 일단 날씨가 좋으니 도쿄 시티뷰를 보러 가자는 데까지는 마음이 통했다. 야경은 도쿄 스카이 트리에서 보자는 데 이견이 없었지만 문제는 낮의 풍경을 어디서 볼 것인가? 였다. 다수결의 원칙도 적용할 수 없게 의견이 완전히 갈렸다. 그렇다고 언제까지 의논만 하고 있을 수는 없는 노릇이었다. 적막이 흐르는 이 상황에도 시간은 1분 1초 유유히 흐르고 있으니까. 이럴 때 세상 가장 편하고 공평한 방법은 역시 가위, 바위, 보다. 어떻게든 이 갈등의 종지부를 찍기 위해 가위, 바위, 보를 제안하려는데 상훈이형이 먼저 치고 들어왔다.

"그럼 우리, 그냥 다 가자!"

"전부 다? 그게 되나?"

"대신 부지런히 움직여야지."

"음…. 빡세긴 할 것 같은데…."

과연 시간상 가능할까 싶었지만 그렇게만 된다면야 모두가 만족할 수 있었다. 더 이상 지체할 수는 없으니 일단은 그렇게 해보기로 했다. 극적 타결, 탕! 탕! 이렇게 해서 급 타워 원정대가 결성됐다. 루트는 숙소에서 가까운 곳부터, 도쿄 도청사 → 롯폰기 힐즈 모리 타워 → 도쿄 타워 → 도쿄 스카이트리 순이었다. 야경 포인트인 도쿄 스카이트리에 해질녘 쯤 도착하는 것을 목표로 했다. 혹 일정이 지체되어 한 군데라도 못 가게 되는 날에는 누군가 한 명은 기분이 상할 수 있으니 반드시 다 가고야 말겠다는 비장한 각오로 출발했다.

[첫 번째 : 도쿄 도청사]

세 명 이상이 모여 여행을 다녔을 때 느꼈던 점 중 하나는 다수결의 원칙이 항상 공평한 방법만은 아니었다는 것이다. 내가 다수 중 하나가 되면 기쁠 것 같지만 실제로는 소수의 패자가 마음에 걸려 결과적으로 다수의 승자나 소수의 패자나 서로 편치 않은 상황이 발생하기도 했다. 그럴 땐 편 가르지 않는 것이 답! 그런 면에서 이번 타워 원정대 결성은 나쁘지 않은 선택이었다. 덕분에 언제 냉전 모드였냐는 듯 모두 즐거운 마음으로 룰루랄라 신주쿠역에 도착했다. 도쿄 최대 번화가답게 유동인구가 많고 고층 빌딩들이 즐비했다. 빌딩 숲 사이를 헤치며 걷기를 10분, 도쿄 도청사에 도착했다. 나란히 솟은 두 기둥이 마치 고딕 양식의 성당 같기도 했다. 꼭대기에 뾰족한 첨탑과 십자가만 있었다면 최첨단 초고층 성당으로 손색이 없었다. 하늘을 찌를 듯한 높이는 빌딩 숲들 사이에서도 단연 1등이었다.

"저기 저 꼭대기에 가는 건가?"

"꼭대기는 아니고 총 48층인데 45층에 무료 전망대가 있어."

무시무시한 상상을 해봤다. 가는 날이 장날이라고 엘리베이터가 점검 중인 섬뜩한 상상. 상훈이형에게는 미안하지만 상황이 그렇다면 도쿄 도청사는 그냥 패스다. 설마가 진짜 될까 조마조마했다. 쫄깃해진 심장을 숨긴

채 조용히 상훈이형과 성우의 뒤를 졸졸 따라 들어갔다. 휴~, 다행히 나 혼자 한 공상으로 아름답게 마무리됐다. 45층까지 55초 만에 올라간다는 초고속 엘리베이터를 타고 올라갔다.

전망대에 도착해서는 한동안 말없이 각자 사진 찍기에 바빴다. 도쿄 타워를 원했던 나도, 모리 타워를 원했던 성우도 안 왔으면 어쩔 뻔했나 싶을 정도로. 네모난 통유리창에 담긴 도쿄 시티뷰와 스카이라인은 액자 안에 담긴 그림이었다. 그림 감상 중에 뒤통수가 따가워 뒤를 돌아보니 상훈이형이 아빠 미소를 띠며 나와 성우를 바라보고 있었다.

"어때? 마음에 들어?"

[두 번째 : 롯폰기 힐즈 모리 타워]

모리타워 앞에 도착했다. 그런데 들어갈지 말지 고민이 시작됐다. 해가 지기 전까지 도쿄 스카이트리에 도착하려면 시간이 약간 애매했다. 사실 나와 성우는 별 기대 없이 갔던 도쿄 도청사라 금방 나올 줄 알았는데 예상보다 오랜 시간을 머물렀다. 모리 타워와 도쿄 타워를 둘 다 찍으려면

정말 들어갔다가 한 바퀴 슥~ 둘러만 보고 바로 나와야만 했다. 모리 타워를 픽했던 성우를 배려해 잠깐이라도 갔다 오자고 이야기하려는데 성우가 먼저 입을 열었다.

"여긴 됐고, 그냥 바로 도쿄 타워로 넘어가자."

"정말?! 그래도 돼? 아니야~ 그럼 차라리 도쿄 타워를 패스하자."

갑분 브로맨스가 펼쳐지며 성우와 난 서로 양보하겠다고 나섰다. 한 치의 양보도 없었다. 또다시 숙소에서의 상황이 재현되는 것 같은 불길한 예감. 그러자 성우가 상훈이형에게 바통을 넘겨버렸다.

"형, 어떻게 할까? 우린 둘 다 이제 어디 가든 상관없을 거 같아."

"(당황하며)응?! 갑자기 나보고 결정하라고? 음…. 그러면…. 도쿄 타워 가자! 도쿄 왔잖아."

아쉽지만 모리 타워 인싸인 거미와 짧게 인사만 나누고 바로 도쿄 타워로 떠났다.

[세 번째 : 도쿄 타워]

우리의 최대 적은 시간이었다. 짧은 시간에 3군데를 가야 했으니까. 그런데 돌아다니면서 보니 진짜 적은 내부에 있었다. 그놈은 바로 서로의 성향 차이. 타워 원정대가 결성된 아침부터 도쿄 타워로 향하는 지금까지 사소한 것 하나라도 결정이 필요할 때면 단 한 번도 무엇 하나 속전속결로 결정된 적이 없었다. 이번에는 모리 타워에서 도쿄 타워로 가는 방법이 우리를 괴롭혔다. 지도앱이 틀리지 않다면 대중교통과 뚜벅이의 차이가 10분이 채 안 됐다.

"걸어갈 만한데 그냥 걸어갈까? 산책하는 셈 치면서 도쿄 구경도 하고 좋을 거 같은데."

"근데 아직 해가 있어서 좀 덥지 않겠냐?"

"택시 타면 금방일 텐데…."

역시나 1:1:1 상황. 나, 성우, 상훈이형, 이렇게 셋 조합으로 여행이 처음이긴 하지만 아마 이렇게 마음 안 맞는 조합도 없지 않을까 싶다. 상훈이형이야 이번 여행으로 알게 된 사이라 그렇다 치더라도 성우와는 10년 지기인데, 이래서 사람은 끝까지 알 수 없다고 하나보다. 결국 또다시 선택의 기로에 놓이게 됐다. 걷는 걸 좋아하는 나, 더운 걸 싫어하는 성우, 편안함을 추구하는 상훈이형. 과연 이 대결의 승자는…? 우리는 일단 뚜벅이를 선택했다. 그렇다고 내가 승자는 아니었다. '일단'이라는 전제가 있었다. 가만히 서서 고민만 하는 게 제일 좋지 않은 상황이라는 걸 경험으로 깨달았기에 일단은 도쿄 타워 쪽으로 걸어가면서 계속 고민하고 이야기해보기로 했다. 가다가 갈만하면 계속 걸어서 가면 되고, 안되겠으면 대중교통이나 택시를 타고. 그런데 그렇게 걷기 시작해서 결국에는 그냥 걸어서 도쿄 타워까지 도착해버렸다. 얼떨결에 내가 승리했다. 이런 거 이겨서 무슨 의미가 있겠냐마는 이번 승리로 한 가지 배운 게 있다면 고민하

고 생각할 시간에 일단 뭐라도 해야 된다는 거. 그러면 저절로 답이 정해지기도 하는 것 같다.

개인적으로 기대가 컸던 도쿄 타워는 솔직히 조금 실망스러웠다. 높이만 놓고 보면 도쿄 타워 특별 전망대가 250m, 도쿄 도청사 전망대가 202m. 약 50m 정도 차이가 났지만 창밖으로 보이는 뷰 상으로는 체감 상 큰 차이를 못 느꼈다. 다만 도쿄 도청사에서는 빽빽한 도시의 모습과 쭉쭉 뻗은 고층 빌딩 숲의 향연이었다면, 도쿄 타워에서는 고층 빌딩은 물론이거니와 푸르른 공원과 그 안에 있는 사찰, 그리고 레인보우 브릿지와 오다이바까지 더 다양한 도쿄의 모습이 담겨있었다. 물론 그렇다 해도 도쿄 도청사에서 이미 시티뷰를 볼 만큼 보고 와서인지 크게 감흥이 오지는 않았다. 도쿄 타워는 안에서 바라보는 시티뷰보다 밖에서 도쿄 타워를 바라볼 때가 더 아름다웠다. 파리 에펠탑을 모방해 만들었다 하더니만 이런 것까지 에펠탑을 닮았다. 제대로 모방했다. 하…. 이럴 줄 알았으면 그냥 모리 타워 가는 거였는데. 말은 안 했지만 내심 성우에게 미안해졌다. 미안하다 친구야.

[마지막 : 도쿄 스카이트리]

세계 2위의 위엄은 앞서 보았던 타워들과는 격이 달랐다. 우리말로 직역하면 하늘나무, 이름처럼 가까이서 올려다보니 하늘에 닿아 하늘과 연결되어 있는 나무 같았다. 도쿄 스카이트리라는 이름은 공모전으로 지어졌는데 유력한 후보로 '오에도 타워', '사쿠라 타워' 등의 이름이 있었다고 한다. 그런데 이미 다른 데서 상표권을 땄거나 사용 중인 이름들이라 사용할수 없었다고. 현재의 이름은 일본 도부 그룹의 민간 전철 회사인 도부 철도와 도부 타워 스카이트리 주식회사가 등록한 고유 상표명이었다. 롯데타워처럼 그룹 이름 그대로를 사용했다면 도쿄 도부 타워가 됐을지도⋯. 어쩐지 정이 안 가는 이름이다.

"안전하겠지?"

"믿고 가는 거지."

"내진 설계되어 있다니까 괜찮을 거야."

높이에 비해 뾰족하고 얄팍하니 바람 조금 불면 휘청휘청 거릴 것 같았다. 제발 우리가 머무는 동안만이라도 아무 일 없기를 기도하며 엘리베이터를 기다렸다. 최고 높이 지상 634m. 본래 610.58m로 지어질 예정이었으나 설계가 변경되면서 지금의 높이로 완공되었다. 도쿄 부근의 옛 국명인 무사시노쿠니와 발음을 비슷하게 하기 위해 변경되었다고 하는데 일본어에 문외한인 나로서는 무사니노쿠니와 634m의 상관관계를 끝내 이해하지 못했다. 전파탑으로서는 세계 1위, 건축물로서는 아랍에미리트 두바이의 부르즈 할리파(Burj Khalifa, 828m)를 이어 세계 2위라는데 사실숫자로는 아무리 들어도 체감이 잘 안됐다. 직접 봐야 알지. 전망대 높이는지상 350m. 초고속 엘리베이터를 타고 50초 만에 도착했다.

"오~ 야경 쩐다!"

"야야! 아직 보지 말고 하나 더 올라가서 봐."

통유리창으로 보이는 야경에 홀린 듯 따라가는 나와 성우를 상훈이형이 멱살 잡고 끌어와 진정시켰다. 우린 엘리베이터를 한 번 더 타고 전망대로는 최고 높이인 지상 450m 층에 도착했다.

"이야~ 역시 전망대는 야경이 진리네!"

하루 온종일 보고 다닌 시티뷰지만 밤에 보는 것과 낮에 보는 것은 하늘과 땅 차이였다. 낮에는 네모반듯한 건물들이 촘촘히 박혀있는 게 차갑고 딱딱한 도시 같다면, 밤에는 온갖 불빛들이 수놓으니 따뜻하고 포근한 도시로 변해있었다. 와인 한 잔 마시며 누군가의 어깨에 기대고 싶은 기분이 들었다. 이래서 시작하는 연인들의 최애 데이트 코스가 남산인가 보다. 하지만 지금 내 옆에는 웬 두 아재가… 이유는 다르지만 든든해서 참 기대고 싶기는 하네.

4

출장과 여행 사이, 빈

미생들의 빈 출장여행

오스트리아에서 열리는 한 전시회 참가를 위해 빈으로 출장을 오게 됐다. 기간은 일주일. 한 도시에 머무르며 여행하기에 딱 좋았지만 문제는 혼자 다닐 수가 없다는 것. 어색한 팀 동료인 L대리와 K사원, 그리고 숨소리만 들어도 불편한 Y상무님과도 함께 다녀야 했다. 가보고 싶은 곳, 하고 싶은 것이 달라 서로 조금씩 양보해야 하다 보니 자유롭게 돌아다닐 수가 없었다. 빈 국립 오페라 극장에서 오페라 공연 한 편 보지 못했고, 성 슈테판 대성당 전망대에서 빈 구시가지의 뷰도 보지 못했다. 외관보다 내부가 더 아름답다는 쇤부른궁 안에도 들어가 보지 못했고, 영화 〈비포 선라이즈, Before Sunrise(1995)〉의 배경이었던 프라터 놀이공원에서 대관람차도 못 타봤다. 가장 한이 되는 건 도나우강 강변에 앉아 노을을 바라보며 맥주 한잔 들이켜지 못했다 것. 이건 동네 구경 할 겸 산책만 나와도 할 수 있는 일이었는데. 핸드폰 속 사진 갤러리도 온통 겉만 번지르르한 사진들뿐이었다. 대체 난 일주일 동안 뭘 했단 말인가!? 한 것보다 못한 것이 더 많은 아쉬운 여행이었다.

#비엔나 커피를 찾습니다

빈에 간다고 했을 때 가장 많이 들었던 말은 비엔나커피 한잔하고 오라는 말이었다. 우리나라에서도 쉽게 접할 수 있었지만 한 번도 마셔본 적은 없었다. 빈에서 마신다고 뭐가 어떻게 다른지 내가 구별이나 하겠냐마는 그래도 빈을 대표하는 커피이니 나도 한 번은 마셔보고 싶었다. 비엔나커피를 마시러 케른트너 거리에 있는 한 카페에 들어갔다. 들어가자마자 요리조리 눈동자를 굴리며 메뉴를 스캔했다. 그런데 어디에도 비엔나커피가 보이지 않았다. 직원에게 물었다.

"혹시 비엔나커피라고 빈 사람들이 가장 즐겨 마시는 커피라고 들었는데요."

"비너 멜란지(Wiener Melange)? 빈 사람들이 가장 즐겨 마시는 커피예요."

음…. 그거 아닌데. 비엔나커피를 찾는 사람한테 자꾸 비너 멜란지를 권해 살짝 짜증이 났지만 직원 추천이니 한번 마셔보자며 L대리가 빈정 상해 있는 나를 달랬다.

"그럼…. 초코 케이크도 하나?"

기분 전환엔 역시 달달한 게 최고. 보기만 해도 묵직한 단맛이 느껴지는 똥색 초콜릿 케이크도 같이 주문했다. 커피와 케이크가 나오길 기다리며 비엔나커피로 유명한 카페를 검색했다. 검색 결과가 수두룩했다. 이렇게나 많은데 하필 지나가다 그냥 들어온 곳에서는 팔지를 않는다니, 운이 없어도 이렇게 없을 수 있나 싶었다. 이 많은 곳 중 어디를 가볼까 스크롤을 올렸다 내렸다 반복하고 있는데 K사원의 한마디가 뒤통수를 때렸다.

"빈에는 우리가 찾는 그 비엔나커피가 없는 것 같은데요?"

뭣이라!? 충격적인 사실에 대한 궁금증은 잠시 후에 풀기로 하고 그 사이 나온 커피와 케이크를 가져왔다. 달달한 케이크 한입으로 놀란 뒤통수를 진정시키고 다시 본론으로, 비엔나커피가 빈에 없으면 어디에 있단 말인가? K사원은 핸드폰을 내밀며 자신이 찾은 비엔나커피에 대한 진실을 프레젠테이션 하기 시작했다. 누가 영업사원 아니랄까봐. 직업병이 도졌다. 우리나라에서 비엔나커피라고 부르는 커피는 본래 아인슈패너(Einspänner)라고 하는 오스트리아 커피인데, 우리나라에서는 아인슈패너를 빈의 영어 이름인 비엔나를 따서 그냥 비엔나커피라 부르고 있었던 것이었다. 그러니까 빈에서 우리나라 사람들이 흔히 말하는 비엔나커피를 마시려면 아인슈패너를 주문했어야 했다.

"한 잔 시켜서 나눠 마셔 볼까요?"

"두 분 맛보고 싶으시면 드세요~ 전 괜찮아요."

아인슈패너는 평소에도 종종 마시는 커피이기에 너무도 잘 아는 맛이었다. 물론 빈이 아인슈패너의 고향이라 하니 그 맛이 어떨까 비교해 볼 수도 있었지만 비엔나커피에 대한 기대와 호기심이 싹 사라지니 별로 당기지 않았다. 오히려 바로 앞에 있는 비너 멜란지에 급관심이 쏠렸다. 아메리카노에 우유를 넣고 그 위에 우유 거품을 올린 비너 멜란지는 에스프레소에 우유를 넣은 카페라테와 비슷했다. 베이스가 아메리카노(에스프레소+물)이다 보니 카페라테 보다 더 부드러웠다. 이게 진짜 빈 로컬들이 즐겨 마시는 커피였다니 점원에게 살짝 짜증 섞인 눈빛을 보냈던 게 미안해졌다. 역시 로컬 문화는 로컬이 제일 잘 아는 법! 약은 약사에게, 로컬 문화는 로컬에게, 빈에서는 비너 멜란지다.

'예술의 도시 빈'하면 가장 먼저 떠오르는 예술가는 단연 음악의 신동 모차르트다. 그뿐만 아니라 베토벤, 슈베르트, 브람스, 하이든 그리고 말러까지, 많은 음악의 거장들이 빈에서 활동했다. 그래서 빈을 음악의 도시라고도 한다. 레전드들은 이제 사라졌지만 현재는 빈 필하모니 관현악단과 빈 소년 합창단이 그들의 빈자리를 대신해 음악의 도시라는 명성을 이어가고 있다.

빈은 음악 못지않게 미술에서도 꽃을 피운 도시다. 대표적인 오스트리아 출신 화가로 빈 분리파의 일원이었던 구스타프 클림트와 에곤 실레가 있다. 이 둘의 자신들만의 화법으로 20세기 오스트리아 미술을 이끌었다.

과거에도 현재도 예술에만큼은 진심인 빈에는 여러 예술 박물관들이 있다. 그중 빈의 미술사를 따라 예술 여행을 할 수 있는 곳이 있었다. 파리의 루브르, 마드리드의 프라도와 함께 유럽 3대 미술관으로 손꼽히는 빈 미술사 박물관이다. 미술사 박물관은 Y상무님 픽이었다. 아무리 유럽 3대니 어쩌니 해도 역시 박물관은 호불호가 강하기 마련. Y상무님의 제안에 K사원과 L대리의 얼굴이 굳어졌다. 다행히 예테보리에서 박물관에 재미를 붙인 터라 박물관이 싫지는 않았다. 다만 베스트가 아닐 뿐. 미술사 박물관 말고도 빈에는 갈 곳이 넘쳐 났기 때문이다. 그 많은 좋은 곳들을 놔두고 박물관이라니…. 어쩌겠는가? 우리 말단 미생들에게는 하늘 같은 상무님 말씀이시니 그저 조용히 따르는 수밖에.

마리아 테레지아 광장에 있는 마리아 테레지아 동상을 중심으로 쌍둥이처럼 똑같이 생긴 건물이 서로 마주 보고 있는데, 오른쪽이 빈 자연사 박물관이고 왼쪽이 빈 미술사 박물관이었다. 티켓을 끊고 오디오 가이드를 빌렸다. 무전기처럼 생긴 오디오 가이드는 작품에 붙어있는 번호를 누르면 해당 작품의 설명이 나오는 방식이었다. 원하는 작품만 골라서 들을 수 있었다. 반갑게도 한국어가 있었다. 대표 언어인 영어와 독일어에 비해 한국어는 지원되는 작품 수가 적기는 했지만 그래도 충분했다. 어차피 모든 작품 설명을 다 들을 건 아니었으니까. 관람은 각자 자유롭게 하는 것으로 하고 약속한 시각에 기념품 숍에서 만나기로 했다. 난 제일 아래층인 0.5층에서부터 위로 올라가며 차례로 관람을 시작했다. 0.5층에는 그리스, 로마, 이집트에서 수집한 골동품들과 조각 작품이 전시되어 있었다. 티켓 메인 사진으로 담긴 전시품이 눈에 들어왔다. 온통 금으로 되어 있어 단순 장식용 물건인가 했는데 용도가 반전이었다. 소금과 후추를 담는 통이란다. '살리에라(Saliera)'라는 이름으로 빈 미술사 박물관의 대표적인 작품

중 하나였다. 그 옛날에는 소금과 후추가 귀했기에 이렇게 고급스러운 통에 보관을 했나 보다. 문득 집에 있는 소금과 후추통을 떠올리니 피식 웃음이 새어 나왔다. 살리에라는 16세기 이탈리아 천재 예술가 벤베누토 첼리니가 만든 것인데 하마터면 빈 미술사 박물관에서 보지 못했을 뻔했던 사연이 있다. 바로 2003년에 있었던 도난 사건 때문이다. 사건의 전말이 제법 흥미로웠다. 우선 범인은 50세의 보안설비회사 사장인 로버트 망(결국 진짜 망했다.)이라는 평범한 오스트리아의 시민이었는데 살리에라 도난 후 박물관 측에 거액을 돈을 요구하며 협박을 했다고 한다. 하지만 제 발에 지려 겁이 났는지 2년간 깜깜무소식이 되었다가 어쩐 일인지 3년 후인 2006년에 다시 돈을 요구하며 나타났다. 이때 경찰이 핸드폰을 추적해 범인으로 추정되는 사람이 찍힌 영상을 공개했는데 한 남자가 전화를 걸어 '영상 속 사람은 나지만 나는 범인이 아닙니다.'라며 자백 아닌 자백을 해버렸다고. 제 발로 경찰의 의심을 산 그는 결국 덜미를 잡혔고 그렇게 살리에라를 무사히 찾을 수 있었던 것이다. 왠지 범인에게서 강한 허당의 향기가 풍겼다. 사건이 이슈가 되면서 살리에라는 빈 미술사 박물관의 대표 작품이 되었다고 한다. 티켓에 메인 사진으로 박혀있는 이유가 다 있었다.

빈 미술사 박물관의 백미는 1층 회화 전시실이다. 사방팔방십이방이 온

통 그림들로 도배가 되어 있다. 하나같이 다 회화 거장들의 명화들이라는데 그알못(그림을 알지 못하는)인 나에게는 그냥 다 네모난 액자였다. 급격히 흥미가 떨어졌다. 대충 보면서 획~ 지나가고 있는데 어디선가 본 적이 있는 것 같은 그림 하나를 발견했다. 작자도 제목도 모르지만 그림 속 기울어져 가는 탑의 이름과 그림의 내용만큼은 확실하게 알고 있었다. 바벨탑이었다. 높은 탑을 쌓아올려 하늘에 닿으려 했던 인간의 오만한 행동에 분노한 신이 본래 하나였던 언어를 다양한 언어로 나누어 탑 건설을 막았고 같은 언어를 쓰는 사람들끼리 전 세계로 뿔뿔이 흩어지도록 했다는 이야기가 담겨있는 그림. 내 머릿속에 이런 고급 지식이 있었다니 나도 신기했다. 더 자세한 내용은 오디오 가이드님께 물어봤다. 제목은 탑 이름 그대로 '바벨탑(THE TOWER OF BABEL)'. 네덜란드 출신의 대표적인 르네상스 화가인 피터르 브뤼헐의 작품이었다. 역시 박물관은 아는 게 있어야 재밌는 법. 마지막 층인 2층에는 동전 컬렉션과 카툰이 전시되어 있었는데 딱히 기억나는 게 없는 거 보면 별로였던 것 같다. 2층까지 다 보고 나니 어느덧 약속한 시간이 되어 이만 기념품 숍으로 내려갔다.

Y상무님이 먼저 내려와 쇼핑 중이셨다. 박물관 관람이 제법 재밌으셨는지 만족스러운 미소를 지으며 우리들에게 소감을 물으셨다.

"잘 들 봤어? 뭐가 제일 기억에 남든?"

"아…. 너무 많아서 못 고르겠습니다."

"저도 본 건 많긴 한데 특별히 하나 떠오르는 건 없습니다…."

"전 바벨성이 기억에 남습니다. 제가 유일하게 아는 거라."

난 Y상무님께 같은 질문으로 공격을 하고 싶었지만 이 지옥 같은 소감

발표 시간이 길어질 것 같아 그냥 참았다. 빈 미술사 박물관의 솔직한 소감은 과거부터 현재까지 빈 미술의 역사가 있다기보다는 그냥 부잣집 금고를 구경하는 느낌이랄까? 합스부르크가의 왕의 자신의 수집품들을 자랑하고 싶어 개인 보물창고를 개방한 것 같은 느낌이 들었다. 사실상 빈 미술사에 큰 영향을 끼친 구스타프 클림트와 에곤 실레의 회화 작품들이 없어 아쉬웠다. 구스타프 클림트는 1층 중앙계단 기둥들 사이의 벽화를 그리기는 했지만 그 외 유명한 회화 작품들이 따로 전시되어 있지는 않았다. 알고 보니 이 둘의 작품은 빈 분리파 전시관이라는 곳에 따로 전시되어 있단다. 다음에 또 빈 미술기행을 하게 된다면 그땐 빈 분리파 전시관에 가보련다. 물론 언제 가게 될지는 장담 못 하겠다. 아까도 말했지만 빈에는 박물관 말고도 갈 곳이 넘쳐 나니까. 아무튼, 이번에도 박물관은 재미있었다.

빈에서의 마지막 날. 뜻밖의 자유시간이 주어졌다.

"오전은 각자 알아서 보내고 체크아웃도 각자 알아서 한 후에 로비에서 모이는 걸로 합시다."

"(WoW!) 넵! 알겠습니다!"

체크아웃까지는 앞으로 4시간. 길다면 길고 짧다면 짧은 시간이었다. 뭘 해야 알차게 보냈다고 소문이 날까 고민하고 있는데 L대리가 먼저 제안을 했다.

"같이 시장 구경 안 갈래요? 어디 특별한 곳에 가기에는 시간이 좀 그렇고 시장은 그냥 슥 한 바퀴 둘러만 보고 와도 되니까."

"그럴까요? 노점 같은데 있으면 군것질도 좀 하고."

"저도 좋습니다!"

탕! 탕! 탕! 만장일치로 통과. 근데 어느 시장에 갈 것인가? L대리는 거기까지도 다 계획이 있었다. 빈에서 가장 인기 있는 시장을 알아냈으니 자기만 따라오란다. 그렇게 자신감 충만한 L대리를 따라 도착한 곳은 나슈마르크트 시장이다. 빈 사람들의 식탁을 책임지는 로컬 재래시장이었다. 고기, 야채, 생선, 치즈, 소시지 등과 같은 식재료들은 물론 인도나 중동에서 사용하는 향신료와 식초도 있었다. 오스트리아 로컬 음식을 비롯해 케밥, 카레, 초밥, 쌀국수 등 다양한 음식점들이 있어 장을 보다 출출해지면 군것질이나 아예 식사를 할 수도 있었다. 하지만 우리가 방문한 시간은 너무 아침이라 식재료 가게들을 제외하고는 대부분 오픈 전이었다. 총 1km 정도에 달하는 시장을 초입에서부터 끝까지 다 구경하고 나니 배꼽시계가

으르렁대기 시작했다. 잔뜩 흥분해있는 뱃속의 거지를 진정시키기 위해 혹시나 싶어 소시지 가게로 향했다. 다행히 그 사이 오픈을 했다. 각자 맥주 한 캔씩 시키고 안주 겸 요기 겸해서 소시지를 시켰다. 거기에 곁들일 빵도. 오독오독 소시지 한입에 맥주 한 모금. 역시 동유럽 맥주고 역시 맥주엔 소시지다. 빵은 거들 뿐.

배를 채우고 있는 사이 닫혀있던 다른 가게들도 하나둘씩 열리기 시작했다. 다소 썰렁했던 시장통이 흔히 알고 있는 시장통의 모습으로 서서히 바뀌었다. 오고 가는 사람들을 구경하며 여유롭게 맥모닝을(햄버거 말고 아침에 마시는 맥주) 즐기고 있는데 누군가 우리를 지켜보고 있는 것 같이 뒤통수가 따끔했다. 주위를 둘러보니 대충 한 초등학교 5학년쯤 돼 보이는 남자아이 넷이서 깔깔거리며 우리를 쳐다보고 있었다. 아이들의 눈엔 동양인인 우리가 당연히 신기하겠지 싶어 별 대수롭지 않게 넘겼는데 잠시 후 아이들이 다가왔다.

"같이 사진 찍어요!"

"응! 그래! 찍어 줄…."

"NO!!!"

L대리가 정색하며 거절했다. 갑자기 단호박이 된 L대리의 상기된 모습에 아이들은 물론 나와 K사원도 얼음이 됐다. 아니 뭐 자라나는 어린 양들에게 그렇게까지 야박하게 할 일인가 이게? 찍기 싫으면 나라도 혼자 찍으면 되는 것을. 아이들이 떠나고 L대리에게 조심스레 물었다.

"사진 그렇게 찍기 싫으셨어요? 아니면 저 혼자라도 찍었으면 되는데."

"그게 아니고, 쟤네 하는 짓 좀 봐봐요."

방금 전 시무룩한 표정은 온데간데없이 괴상한 몸짓과 얼굴 표정을 지으며 우리를 쳐다보고 있었다. 추억의 예능 가족오락관의 '몸으로 말해요' 였다면(단어를 말없이 몸으로만 설명하여 맞추는 퀴즈.) 문제의 정답은 분명 원숭이였을 것이다. 우리를 보고 원숭이 흉내를 내며 깔깔거리고 있었다.

"헐…. 지금 사진 안 찍어줬다고 저러는 건가?"

"우리한테 오기 전부터 저러고 있었어요."

그랬구나. 우리를 동물 보듯 쳐다봤다니. 아놔, 요놈들을 아주 확! 그냥 한 대 쥐어박고 싶은 마음이 머리끝까지 차올랐지만 한국을 대표하는 교양 있는 여행자이자 어른이로서 꾹 참았다. 어쨌든 아이들이었고 여기는 빈이니 문화도 다른데 한국에서처럼 괜히 꼰대짓 한번 잘못했다가는 오히려 국제적 망신을 당하게 될 수도 있을까 봐서.(사실 영어도 짧아서 영어로 꼰대짓을 할 수도 없었다.) 이런 게 인종차별이라는 건가? 처음 당해본 인종차별. 뭔가 부당한 대우를 받았다거나 직접적인 손해를 본 것은 아니라 억울하지는 않았는데, 그냥 어이가 없었다. 이런 식으로도 당할 수 있다니. 예고 없이 찾아온 인종차별 공격에 잘 먹고 있던 소시지와 맥모닝 맛이 뚝 떨어졌다. 물론 저 아이들이 그랬다고 해서 모두가 그렇다고 할 수는 없겠지만 아직도 이런 게 존재한다니, 그리고 무엇보다 아직 순수한 아이들이 그랬다는 게 김빠진 맥주만큼이나 씁쓸했다. 부디 저 아이들이 어른이 되어서는 그러지 않기를 그냥 동양인 너무 신기해 그랬던 것이기를 진심으로 바랐다. 그래도 너네! 혹 다음에 또 한 번 걸리면, 그땐 X진다!

❺

이탈리아 전국일주

자발적 백수의 충동적 패키지 여행

2015년 겨울, 자발적 백수가 됐다. 퇴사 후 세계여행이라는 퇴사생의 필수 코스는 밟지 않았다. 세계여행이 가고 싶어 퇴사를 한 것은 아니었으니까. 하고 싶은 일을 찾겠다는 확고한 목적이 있는 (하지만 아무런 계획도 대책도 없는) 자발적 퇴사였다. 누군가는 여행이 하고 싶은 일을 찾는 가장 좋은 방법이라 했고 나 역시도 그 말에 두 손 치켜들어 동의했지만 개인 사정 상 세계여행을 떠날 수는 없었다. 하지만 생각할수록 역시 너무나 아까웠다. 다들 아시다시피 퇴사생은 그냥 백수가 아니라 돈 많은 백수니까. 살면서 이렇게까지 통장이 든든한 적이 없었다. 시간은 또 어떻고? 하루가 24시간이 아니라 42시간 같았다.(일할 땐 24분 같았는데) 상황이 이런데도 여행을 떠나지 않는 건 내 인생에 또 하나의 후회를 남기게 되는 것 같은 생각이 들었다. 애써 꾹꾹 누른 방랑욕이 꿈틀거렸다.

백수의 아침은 대부분 TV로 시작됐다. 엄마가 아침을 준비하시며 틀어둔 아침 정보 프로그램 엔딩 소리에 잠에서 깬 후 아침을 먹으며 아침 막장 드라마를 봤다. 막장 드라마가 끝나고 나면 이제 지난 막장 드라마와 주말 예능 재방송 지옥이 시작된다. 이미 웬만한 프로는 본방 사수를 끝냈기에 리모컨을 쥐고 클릭! 클릭! 클릭! 배터리가 닳도록 채널을 돌리며 누워서 TV 속으로 여행을 떠났다. 그러다 평소 보지 않던 홈쇼핑 채널을 보게 됐다. 여행상품이었다. 이탈리아 전국일주. 덤으로 모나코에 프랑스 니스까지. 패키지여행은 내 돈 주고는 절대 안 간다 마음먹었던 나지만 순간 나도 모르게 전화를 걸고 말았다. 그리고 곧 핸드폰 알림이 울렸다. 띵!

「결제가 완료되었습니다.」

+나폴리에는 있고, 통영에는 없는 것

이탈리아 전국일주는 이탈리아 남부에서부터 로마를 거쳐 북부로 올라가는 일정이었다. 로마에 도착하자마자 로마 공기 한 모금 마셔볼 틈도 없이 곧장 이탈리아 남부로 향하는 버스에 올랐다. 버스에는 이탈리아 현지 가이드님께서 기다리고 계셨다.

"어서 오세요~ 먼 길 오시느라 고생 많이 하셨습니다."

남부로 한 번에 가기에는 시간이 늦어 일단 피우지라는 곳에서 한 밤을 묵었다. 하루하루가 소중하기에 이렇게 이동으로만 하루를 날릴 수는 없어 아쉬운 대로 숙소 주변을 산책하면서 이탈리아와는 첫인사를 나눴다.

다음 날 오전 6시, 다시 이탈리아 남부를 향해 출발했다. 남부 지역 중에서도 첫 번째 목적지는 나폴리였다. 다들 계속되는 이동 스케줄에 벌써 피로가 쌓였는지 버스 안에는 도서실만큼이나 고요한 적막이 흘렀다.

"자~ 이제 슬슬 눈 뜨시고 기지개 한번 켜시죠~ 곧 나폴리 도착입니다."

사람들이 잠을 깨는 동안 가이드님이 퀴즈를 하나 냈다. 우리나라에는 흔히 나폴리와 비교되는 지역이 한곳이 있는데,

"정답! 통영!"

"네~ 맞습니다. 통영이죠~"

그게 문제가 아니었다. 아무튼 그래서 통영을 동양의 나폴리 혹은 한국의 나폴리라고 하는데 그럼 나폴리에는 있고 통영에는 없는 것은 무엇일까요? 가 문제였다. 피자, 잘 생긴 남자, 예쁜 여자, 거북선, 꿀빵 등 아무 말 대잔치가 열린 가운데 끝내 정답은 나오지 않았다. 정답은 마피아였다. 나

113

폴리는 이탈리아에서 3번째로 큰 도시이자 세계 3대 미항 산타루치아의 도시라는 명예와 함께 마피아의 본거지라는 오명도 함께 가지고 있었다. '이탈리아 4대 마피아'라고 해서 4개의 조직이 나폴리를 비롯한 이탈리아 남부를 중심으로 활동하고 있단다. 과거 마약 및 무기 밀매, 성매매, 위조, 도박, 갈취 등으로 세력을 키워 현재는 전반적인 나폴리 정치, 경제에까지 그 영향력이 미치고 있다고 하니 나폴리를 '마피아의 도시'라고도 부르는 게 충분히 이해가 됐다. 이탈리아 하면 소매치기당한 썰이 워낙 많아 소매치기만 조심하면 되는 줄 알았는데 이건 뭐 소매치기와는 스케일이 완전 달랐다. 설마 목숨을 담보로 여행해야 하는 것인가?

"하지만 걱정 마십쇼! 그래서 나폴리는 이렇게 버스 안에서만 볼 거거든요. 바로 폼페이로 넘어갈 예정입니다."

휴…. 다행인지 불행인지는 모르겠지만 어쨌든 한시름 놓였다. 살짝 아쉬움도 남아있었지만 훗날 여행 고수가 되었을 때 자유여행으로 다시 와서 하루 이틀 머물다 가기로 하고 이번 여행에서는 차창 밖 나폴리를 보는 것으로 만족했다. 부디 그때는 지금보다 상황이 괜찮기를 바라며….

+비운의 도시, 폼페이

나폴리를 무정차로 통과한 버스가 마침내 멈췄다. 폼페이에 도착한 것이다. 입구는 이른 아침부터 사람들로 붐볐다. 우리 같은 패키지 관광객들도 있고 개인 관광객들이 삼삼오오 모인 가이드 투어 그룹도 있었다. 버스에서 내려 우리도 폼페이로 입성! 감격스럽고 뿌듯했다. 내가 폼페이를 처음 알게 된 건 영화 '폼페이: 최후의 날(Pompeii, 2014년)'이었다. 처음 영화를 보고는 로마의 도시였던 폼페이를 배경으로 만들어낸 단순 로맨틱 재난 영화인 줄로만 알았다. 이후 역사적인 사실을 바탕으로 한 실화에 픽션을 더 했다는 걸 알게 되고서는 폼페이에 급관심이 생겼다. 이때부터 폼페이는 이탈리아에서 가장 가보고 싶은 곳이 되었다. 그만큼 오고 싶었던 곳이었기에 가이드님의 말 한마디는 물론 숨소리까지도 놓치기 싫어 뒤꽁무니를 바싹 따라붙었다.

포르타 마리나를 지나 포룸에서부터 본격적인 폼페이 투어가 시작됐다. 포룸은 처음에 시장이었다가 사람들이 점점 모여들면서 정치, 경제, 종교, 문화 등을 교류하는 소통의 장이 되어 단순한 시장 이상의 기능을 했던 공공 복합 장소다. 토론회를 의미하는 지금의 '포럼'이라는 단어가 바로 여기서 유래됐다. 포룸 한가운데에서 폐허가 된 유피테르 신전쪽을 바라보면 신전 뒤로 구름 모자를 쓴 큰 산이 하나 보인다. 바로 지금의 폼페이를 있게 만든 베수비오산이다. 실제로 보니 영화를 통해 봤을 때의 느낌보다 훨씬 멀리 있었다. 저 멀리서 엄청난 양의 화산재들과 분출물들이 밀려와 도시를 덮쳤다고 하는데 보고 있으면서도 사실 상상이 잘되지 않았다. 유피테르 신전 주변으로 도자기 창고로 보이는 곳이 있었는데, 그곳에 화산재에 뒤덮여 희생된 사람들의 시신이 당시 모습 그대로 전시되어 있었다. 실제 시신은 아니었다. 화산재로 뒤덮인 사람이 죽은 후 오랜 시간이 지나 육체가 썩게 없어지게 되면서 그 내부는 육체의 형상대로 빈 공간이 생기게 되는데 폼페이 유적 발굴을 하면서 그 빈 공간에 석고를 부어 굳어진 후 화산재를 털어내 당시 사람들의 모습을 그대로 복원해낸 것이었다. '아마 사람들이 이런 모습으로 죽었을 거야.' 하고 상상해서 만든 것이 아닌 실제 상황 그대로를 유지한 것이라 하니 한 번도 겪어본 적 없는 화산 폭발이지만 온몸에 닭살이 돋았다.

폼페이는 로마 상류층의 휴양지이기도 했다. 이를 가장 잘 보여주는 것이 공중목욕탕이다. 남탕과 여탕이 따로 구분되어 있고 탈의실, 물품 보관

함, 냉탕, 온탕, 미온탕 등으로 구성되어 지금의 목욕탕과 비교했을 때 크게 다른 건 없었다. 탕은 대리석, 천장은 콘크리트로 만들어 상대적으로 화산재의 영향을 덜 받아 비교적 보존 상태가 좋았다. 바닥 타일부터 천장의 무늬와 홈까지 선명했다. 천장에 파진 무늬와 홈에는 로마인들의 지혜가 숨겨져 있었다. 습기로 인해 천장에 맺힌 물방울이 바로 떨어지지 않고 패인 무늬와 홈을 따라 벽을 타고 흘러내리도록 한 것이었다. 예나 지금이나 인간의 잔머리는 참 대단하다.

폼페이의 최후를 두고 타락한 도시에 내리는 신의 벌이라고도 하는데 그럴만한 이유가 있었다. 폼페이 최대 번화가였던 아본단차 거리를 걷다 보면 길바닥에 종종 재미있는 표식이 보였다. 순진한 사람(혹은 순진한 척하는 사람)들은 이걸 보고 화살표라 했고 나처럼 음흉한 사람들은⋯. 흐흐흐, 굳이 설명해 주지 않아도 단번에 알아차렸다. 일종의 음란마귀 테스트라고나 할까? 이걸 보면 내가 음란마귀가 쓰였는지 아닌지를 단번에 알 수 있었다.(난 후자

다.) 몇몇 사람들을 부끄럽고 곤란하게 만드는 이것은 최대한 귀엽게 말하면 고추, 한자어로는 남근이다. 길바닥 남근 표식에 대해서는 두 가지 해석이 있었다. 첫째는 사창가의 방향을 알려주는 표지판 역할, 둘째는 로마에서 남근은 부와 행운의 상징이라 번화가인 아본단차 거리에 부와 행운이 있기를 바라는 마음으로 해놓았을 거라는 해석이다. 대개 학자들은 전자보다는 후자에 더 가능성이 있다고 본단다. 남근 표식 덕분에 내내 진지했던 폼페이 투어에 처음으로 웃음소리가 들렸다. 투어가 다 끝나가는 마당에야 한층 분위기가 부드러워졌다. 가이드님도 내심 입이 근질근질했었는지 본래 이렇게 진지한 캐릭터가 아니라며 남근에 관한 19금, 아니 한 49금쯤 되는 농담을 치며 투어를 마무리했다.

기대가 크면 실망도 크다는 실망도 크다는 법칙 따위는 통하지 않는 폼페이 투어였다. 대만족! 아! 한 가지 불만족이라면 나의 똥 손. 설명에 집중하느라 사진을 많이 찍지 못했다. 짧은 시간 후다닥 찍다 보니 몇 장 되

지도 않지만 제대로 찍은 게 거의 없었다. 언젠가 자유여행으로 나폴리를 다시 찾게 되는 날, 아무래도 폼페이도 한 번 더 오게 될 것 같다. 아니, 그럴 계획이다.

+돌아오라 소렌토로, 제발!

폼페이에서 소렌토까지는 기차를 이용했다. 폼페이 스카비-빌라 데이 미스테리 역에서 소렌토 역까지는 약 30분. 내내 한국 사람끼리만 몰려다니다가 현지 사람들은 물론 세계 각국의 여행자들과 함께 어울려 다니니 이동이 지루하지 않았다. 창문 밖 풍경과 기차 안 사람들을 구경하면서 가니 30분이 3분이 됐다. 소렌토에서는 특별한 일정은 없었다. 메인 광장인 타소 광장에서 간단하게 소렌토 소개를 끝내고 각자 흩어져 자유롭게 구경 할 시간이 주어졌다.

"꼭 시간 안에 오셔야 합니다. 다음 일정이 카프리섬이거든요. 배 시간 놓치면 못 갑니다."

"네에~~~"

모처럼 생긴 자유 시간에 들뜬 사람들은 가이드님의 신신당부가 끝나기 무섭게 유유히 하나둘씩 사라졌다. 나도 이에 뒤질세라 바쁘게 두 다리를 움직였다. 패키지여행에서 자유시간은 날이면 날마다 오는 게 아니니까. 어디를 가야 하나 찾아보고 가기에는 시간이 부족하니 그냥 발길 닿는 대로 가보기로 했다. 걷다 보니 시장이었다. 휴양지라 그런지 대부분이 관광객들 같았다. 특히 얼마나 한국 사람이 많이 왔으면 지나가는 가게마다 한국말로 인사를 건네며 구경하고 가라고 유혹했다. 이탈리아에서 한국말로 한국식 호객행위를 당하게 되다니, 새삼 전 세계에 막강한 영향력을 끼치고 있는 한국 사람들의 위엄이 느껴졌다.

가게 밖까지 퍼지는 상큼한 향에 이끌려 한 가게에 들어갔다. 온통 노란 세상. 레몬 가게였다. 레몬만 파는 것이 아니라 리몬첼로 라는 이탈리아 레몬 술도 팔고 있었다. 애주가로서 술이라 하니 시음을 안 해 볼 수 없었고 맛을 알아버렸으니 안 살 수가 없었다. 내 사전에 '패키지여행에서 기념품은 없다.' 였는데(앞으로 옵션으로 들어갈 예정인 비용이 많아서) 결국 리몬첼로 1병을 품에 넣고야 말았다.

술에 빠져있는 사이 어느덧 집합 시간이 다가왔다. 다시 타소 광장으로 집합. 흩어진 사람들이 모두 도착하기를 기다리고 있는데 두 팀이 아직 돌아오지 않고 있었다. 가이드님은 발을 동동 구르며 끊임없이 주변을 스캔했다. 가이드님의 불안한 모습에 기다리고 있는 사람들도 점점 초조해지기 시작했는지 정적이 흘렀다.

"비데 오 마레 관떼 벨로(Vide 'o mare quant'e bello)~~~♪ 스삐라 딴뚜 센띠멘또(Spira tantu sentimento)~~~♬"

갑자기 가이드님이 노래를 부르기 시작했다. 꽤나 아니, 완전 수준급이었다. 뜻밖의 노래 실력에 놀란 나머지 눈은 동그랗게, 입은 쩍! 벌린 채 노래를 감상했다. 돈 주고도 못 보는 타소 광장 한복판에서의 버스킹이었다. 다 같이 물개박수 짝! 짝! 짝!

"우와~ 우리 가이드님 완전 가수셨네!?"

"아유~ 아니에요~ 감사합니다. 원래 성악 전공이라.(부끄부끄)"

"어쩐지~ 저희가 감사합니다! 덕분에 귀 호강했네요."

"근데 다들 무슨 노랜지는 알고 들으신 거지요? 다들 교양 있으신 분들이니까."

농담인지 찐 디스인지 헷갈리는 가운데 사람들도 서로 눈치만 보고 있던 찰나 백발의 노신사께서 손을 들고 말씀하셨다.

"돌아오라 소렌토로(Torna A Surriento)."

"역시 우리 팀 교양이 철철 넘치십니다. 하하하."

애써 호탕하게 웃으셨지만 가이드님의 현재 심정을 대변한 노래가 아닐까 생각이 들었다. '대체 지금 어디서 무얼 하고 계신 건지들, 돌아와라! 소렌토로! 제발!' 이라고 말이다. 가이드님의 노래가 통한 건지 얼마 지나지 않아 마침내 논란의 두 팀이 나타났다.

"아유~ 왜 이렇게 늦으셨어요?!"

"아, 정말 죄송합니다…. 중간에 길을 잃어서. 죄송합니다. 죄송합니다."

"아무 일 없으셔서 다행이네요. 자, 우리 이제 시간이 별로 없습니다. 얼른 저 따라오세요~"

패키지여행도 여행인지라 변수는 존재했다. 작은 소란이 있었지만 그럭저럭 잘 넘기고 이탈리아 남부 투어의 마지막 코스인 카프리섬으로 출발했다.

Just look around 카프리섬

카프리라는 이름만 들어도 입안에서 청량감이 확 돈다. 시원하게 탁 트인 푸른 바다 때문이기도 하지만 사실은 맥주 때문이다. 투명한 유리병에 맑고 노란, 색이 예쁜 맥주. 적어도 우리나라 사람이라면 아마 누구나 한 번쯤은 카프리섬에서 카프리 맥주를 떠올린 적 있을 것이다. 그런데 카프리섬의 카프리와 카프리 맥주의 카프리는 스펠링이 다르다는 충격적인 사실! 나만 몰랐나? 아무튼 카프리(Capri)엔 카프리(Cafri)가 없겠지만, 카프리(Capri)에서 카프리(Cafri) 한잔하고 싶다. 캬아~

#이탈리아 심장부

+로마 도장깨기

도시 자체가 하나의 거대한 박물관이나 다름없는 로마는 밟는 땅마다 다 역사적 명소이자 관광지다. 유적 옆에 또 유적. 제대로 다 둘러본다면 아마 최소 며칠, 아니 몇 주는 머물러야 할지도 모르겠다. 하지만 대충 이렇구나 느낌만 보고 싶다면 반나절도 가능하다. 속전속결을 좋아하는 한국 사람들에게 딱 안성맞춤인 로마 벤츠 투어가 있기 때문이다. 말 그대로 벤츠산 다인승 밴을 타고 로마의 주요 관광지들을 빠르게 순회하는 투어다. 한마디로 로마 관광지 도장깨기. 택시처럼 목적지 바로 앞에서 떨궈주니 이동시간을 분 단위로 아낄 수 있다. 단, 둘러볼 수 있는 시간도 분 단위라는 게 함정. 투어가 끝나고 자칫 반나절 동안 뭘 보고 다녔는지 기억을 못 할 수도 있으니 반드시 틈틈이 셔터를 눌러줘야 한다.

로마 벤츠 투어는 선택 관광이었다. 로마에 거의 도착했을 즈음 가이드님이 갑자기 호갱님~ 호갱님~ 하며 친절한 영업사원 모드로 분위기를 잡더니 로마 벤츠 투어를 홍보하기 시작했다. 가이드님에 열정적인 설명에 힘입어 사람들은 모두 호갱이 됐다. 물론 나도. 사실 말이 선택 관광이지 안 한다고 해서 혼자 자유 시간을 가질 수 있는 게 아니기에 어쩔 수 없이 할 수밖에 없었다.(대부분의 패키지 상품이 그러한 걸로 알고 있다.)

"자, 가능하면 귀중품이나 필요한 짐은 다 가지고 내리세요. 오늘 집에 갈 때까지 이제 버스는 안녕입니다."

"어유~ 그럼 우린 뭐 타고 댕겨요? 나 오래 걸으면 다리 아픈데."

"지금 벤츠가 열심히 달려오고 있습니다."

　버스가 떠나고 콜로세움과 콘스탄티누스 개선문을 구경하며 벤츠가 오기를 기다렸다. 처음 콜로세움을 마주쳤을 땐 연예인을 본 것 마냥 신기했지만 외관만 계속 보다 보니 감흥이 금세 사라졌다. 사실 바깥보다 안이 더 궁금한 콜로세움이니 말이다. 다시 찾을 이탈리아 리스트가 자꾸만 늘어갔다. 콜로세움과 개선문이 슬슬 지겨워질 때쯤 멀리서 오와 열을 맞춰 몰려오는 검은색 무리가 보였다. 벤츠 부대였다.

　"여러분! 앞에 차부터 차례로 탑승해 주세요~"

　벤츠라고 해서, 게다가 다인승이니 널찍한 내부에 편안한 승차감을 상상했다. 현실은 널찍하긴 했으나 그만큼 사람이 많이 타는 바람에 다닥다닥 붙어 있다 보니 답답했다. 승차감 역시 (원래도 그다지 좋지는 않은 것 같은데) 울퉁불퉁한 로마 거리 위를 지나다니니 엉덩이가 들썩거릴 때마다 고통이 밀려왔다. 반나절 동안 이걸 타고 다녀야 한다 생각하니 차라리 내려서 걷고 싶었다.(사실 뚜벅이로 자유여행이 하고 싶었던 게다.) 그나마 다행인 건 목적지 간의 거리가 그리 멀지 않다는 점. 로마 주요 관광지들이 거의 몰려있다 보니 차로 이동하는 시간은 대부분 5분 내외로 길

지 않았다. 콜로세움에서 출발해 키르쿠스 막시무스, 진실의 입, 캄피돌리오 언덕, 포로 로마노, 베네치아 광장, 트래비 분수, 스페인 광장, 판테온까지, 총 9곳을 돌아다녔다. 약 3시간 20분 소요. 한 곳당 평균 22분 남짓 둘러본 셈이다. 매 장소마다 가이드님이 설명을 해주셨는데 한꺼번에 갑자기 많은 내용이 밀려들어오다 보니 용량 초과로 저장된 건 하나도 없었고 여기가 포로 로마노인지 판테온인지 기억 속 이미지 잔상마저 겹쳐 혼란스러웠다. 그래서 앞서 말했듯 남는 건 사진뿐! 참 다행이었다. 가이드님 설명을 들으면서, 그리고 이동하면서도 핸드폰을 손에서 놓지 않았던 게.

Just look around 바티칸

지구본을 보면 우리나라가 참 작은 나라라는 걸 새삼 느낀다. 우리가 사는 세상을 사천만 분의 일로 축소해 놓은 지구본에서 우리나라는 새끼손톱보다도 작다. 그런데 그보다 더 작은 나라가 있다!? 지구본을 데굴데굴 돌려가며 지구 반대편까지 유심히 살폈다. 하지만 어디에서도 찾을 수 없었다. 너무 작아 지구본에 아예 표기조차 되어 있지 않은 그곳은 로마 어디엔가는 있을, 세계에서 가장 작은 작은 나라 바티칸 시국이다. 이렇게 작은 나라에 뭐 볼 게 있겠냐고 묻는다면 역사, 종교적으로 로마와 가톨릭의 심장부와 같은 곳이라 꼼꼼히 둘러보려면  아마 바티칸만 몇 번을 와야 할 거라 말해주고 싶다. 세계에서 가장 큰 기독교 성당인 성 베드로 대성당, 미켈란젤로의 천장화 천지창조로 유명한 시스티나 성당, 그리고 세계 3대 미술관 중 하나인 바티칸 미술관까지. 도시 전체가 박물관인 곳이 로마라면, 나라 자체가 박물관이자 살아있는 유적인 곳이 바티칸 시국이다.

+쇼핑에 대처하는 나만의 방법

 여행에 있어서 빼놓을 수 없는 재미 중 하나는 쇼핑이다. 나라를 대표하는 브랜드라거나 그 지역에서만 살 수 있는 특산품이라거나, 혹은 그곳을 추억할 수 있는 기념품 등을 사는 것을 좋아한다. 하지만 어디까지나 내가 사고 싶은 걸 내가 사고 싶을 때 살 때의 일이다. 패키지여행에서는 내가 사고 싶지 않은 걸 내가 사고 싶지 않을 때 사야만 하는 경우가 있다. 공식 일정으로 대놓고 쇼핑이 잡혀있다.(그렇지 않은 패키지 상품은 비싸다.) 품목도 답정너다. 물론 당연히 강제 구매를 요구하지는 않지만 최소한 강제 아이쇼핑은 해야만 한다. 이 모든 걸 알고서도 온 패키지여행이었고 충분히 감수할 자신이 있었는데 막상 쇼핑 시간이 다가오자 받아들이기 힘들었다. 아 도대체 왜! 피렌체까지 와서 나는 사지도 않을 가죽제품들을 보고 있어야 한단 말인가!? 참다 참다 결국 참지 못했다. 몰래 소소한 일탈을 했다. 사람들이 한창 쇼핑에 빠져있는 사이 홀로 가게를 빠져나왔다. 좋았어! 아무도 모르는군. 자연스러웠어. 사실 워낙에 사람이 많다 보니 나 하나쯤 빠진다고 티가 날 상황이 전혀 아니었다. 무엇보다 사람들의 관심은 오로지 가죽제품이었기에 말이 몰래지 그냥 대놓고 나와도 아무도 몰랐다. 후웁, 하~ 가죽 냄새로 마비됐던 코가 다시 돌아왔다. 가는 비가 보슬보슬 날리고 있는 피렌체의 습한 공기가 상쾌했다. 보통 습한 공기는 눅눅하기 마련인데 말이다. 어쩌면 일탈로 인해 찾아온 해방감에서 느껴지는 상쾌함일지도 모르겠다. 기분 탓이라는 얘기다. 아무럼 어떠랴, 내 기분이 중요하지. 최대한 가죽 시장 골목에서 멀리 벗어났다. 쇼핑과 최대한 멀어

지고 싶었다. 넓은 광장이 나왔다. 그래 유럽은 역시 광장이지. 광장이 있으면 성당도 따라다닌다. 피렌체 두오모까지는 아니지만 제법 포스가 느껴졌다. 가이드님이 있었다면 술술 알려 주었을 텐데. 개인적으로 가이드로서의 가이드님은 좋아했지만 쇼핑과 선택 관광을 위한 영업을 할 때는 유독 얄미웠다. 평소와는 다르게 말은 최대한 아끼며 할 말만 딱 끝내고는 사람들의 지갑이 열리기만을 기다리는 것 같이 보였다. 이번 쇼핑에서도 상당히 얄미웠는데 잠깐이나마 가이드님이 그리웠다.

 일탈을 계속할 수는 없었다. 더 하다가는 일탈이 아닌 이탈을 해버릴 것만 같았다. 다시 왔던 길로 되돌아갔다. 가죽 시장이 가까워질수록 코끝에서 다시 가죽 냄새가 맴돌기 시작했다. 딱 적당한 타이밍에 도착했다. 가죽 지갑, 가방 등을 양손 가득 득템하고 신난 사람들의 모습을 보니 왠지 덩달아 기분이 좋았다. 다들 쇼핑에 만족한 표정이었다. 쇼핑은 안 했지만 나도 내 만족을 스스로 잘 찾아 누렸다. 비록 약간의 꼼수를 부리기는 했지만. 그래도 남들에게 피해 안 주고 안전하게 다녀왔으니 이 정도는 애교

로 봐주어야 한다. 부디 앞으로 남은 일정에는 더 이상 쇼핑이 없기를….

Just look around 모나코

세상에서 2번째로 작은 나라인 모나코에는 공항이 없다. 기차나 버스로 가야 한다는 말이다. 패키지여행인 우리는 당연히 버스로 이동했다. 육지로 국경을 넘는 건 처음이었다. 내게는 일종의 로망 같은 일이었다. 직장인이다 보니 늘 캐리어를 끌고 비행기를 타곤 했는데, 육지로 국경을 넘는다고 하면 왠지 배낭 하나 딸랑 메고 뚜벅뚜벅 걸어 다니는 배낭여행자가 그려졌기 때문이다. 잘 알겠지만 배낭여행자는 모든 직장인의 숭배 대상이다. 그런데 막상 국경을 넘고 보니 별거 없었다. 이유인즉슨 국경을 넘는 모든 절차를 가이드님이 친히 알아서 밟아주셨기 때문이다. 난 그저 버스가 출발하기를 기다리기만 했다. 로망이 순식간에 증발해 버렸다. 이게 다 패키지여행이기 때문이다! 자유여행이었다면 내가 다 경험해 볼 수 있는 일인데. 화가 나지만 어쩌겠는가? 누가 강요한 것도 아니고 내돈내산으로 내가 오고 싶어서 온걸. 그래도 괜히 심통이 나는 건 어쩔 수가 없었다. 그나마 다행인 건 내 심통을 단번에 달래줄 수 있을 만큼 모나코가 너무 좋았다는 것.

+1시간 만에 끝나버린 니스 여행

나에게는 인생 해변이 있다. 미국 동부의 마이애미 비치와 프랑스 니스 해변이다. 근데 두 군데 모두 한 번도 가본 적은 없다. 그럼에도 인생 해변이 된 건 TV나 영화를 통해서만 봤음에도 그만큼 좋았기 때문. 우리나라 해변처럼 사람 반 물 반에 미친 듯이 물에 뛰어들어 노는 게 아니라 모래사장이나 몽돌에 누워 한가롭게 태닝이나 낮잠을 즐기는 해변의 모습이 너무 마음에 들었다. 지금은 비록 마음속 인생 해변이지만 언젠가는 현실 인생 해변이 될 날을 그리며 죽기 전에 꼭 가볼 곳으로 꼼쳐두었다.(난 아마도 영생할 것 같다. 죽기 전에 가야 될 곳들이 너무 많아서.) 내게는 그런 의미가 있는 니스에 간다고 하니 모나코를 떠나는 게 하나도 아쉽지 않았다.(면 거짓말이겠지만 그만큼 설레었다는 말이다.) 니스 해변을 걷는 건 당연한 일이고 전망대도 있다 하니 올라가 볼 참이었다. 아, 마세나 광장도 빼놓을 수 없다. 한껏 기대에 부풀어 니스에서 해야 할 리스트를 쫙 뽑아놨는데

"여러분, 애즈 마을에서 시간이 좀 지체되는 바람에 아쉽지만 니스에서는 1시간 후에 출발해야 합니다. 자유롭되 빠르고, 알차게 구경하시고 다

시 이곳으로 1시간 후에 모여주세요."

왓 더…. 욕이 절로 나올 뻔했다. 아니 뭐 여행하다 보면 시간이 좀 늦어질 수도 있지 뭘 그런 거 가지고 욕까지 나올 일이냐며, 오히려 나에게 '성격 참 더럽네~'라며 맹비난을 퍼부을지 모르겠지만 다 나름의 사정이 있다. 애즈 마을에서의 일정이 내게는 탐탁지 않았기 때문이다. 역시나 쇼핑이었다. 피렌체에 이어 또 한 번 쇼핑이 나의 여행을 가로막은 것이었다. 애즈에서의 쇼핑은 피렌체 때에 비하면 아주 싫지는 않았다. 닥치고 구경한 다음 홀린 듯 구매하는 쇼핑은 아니었다. 남프랑스에 속해 있는 애즈는 향수의 마을로 유명한데, 특히 세계 3대 향수 브랜드 중 하나인 프라고나르(Fragonard) 향수 제조소가 바로 애즈에 있었다. 향수 판매는 물론 향수 박물관과 공장을 둘러보는 투어도 운영하고 있었다. 우리는 박물관과 공장 투어 겸 쇼핑을 한 것이었다.(물론 다 쇼핑을 위한 밑밥이었겠지만) 딱 투어까지만 괜찮았다. 투어가 끝나고는 예상대로 장사꾼들이 등장했다. 박물관이 순식간에 시장으로 변했다. 향수에 대해 해박한 지식을 자랑하며 친절하게 설명을 해주시던 투어 가이드도 한순간에 영업사원으로 변신했다. 분명 투어를 할 때와 같은 미소인데 어쩜 저렇게 음흉해 보일 수 있는지.(내가 색안경을 좀 진한 걸 쓰기는 했지만) 향수에 대한 사람들의 구매욕은 피렌체 가죽 시장 때보다 훨씬 더 열렬했다. 세계 3대 향수 중 하나라 하니 어느 정도 이해는 됐지만 문제는 갈팡질팡 선택장애에 빠진 사람들이 한둘이 아니라는 것. 하나 사는 것보다 두 개 사는 게 싸고, 근데 막상 두 개 사자니 쓸데는 없을 것 같고. 선택장애로 인한 버퍼링으로 쇼핑을 마치는데 꽤 오랜 시간이 걸렸다. 이게 애즈에서 시간이 지체된 이유다.

1시간 동안 니스에서 뭘 하면 후회가 없을까? 뭘 해도 아쉽고 후회될 게 뻔했다. 순간 답 없는 문제로 고민할 바에야 뭐라도 일단 해야겠다 싶었

다. 다 포기하고 그냥 니스 산책이나 돌기로 했다. 아무 골목으로나 들어가 동네 구경 좀 하다가 해변 쪽으로 나와서 영국인의 산책로, 프롬나드 데 장글레를 걸으며 니스 해변과 바다를 보는 것으로 마무리했다. 핸드폰 메모장에 열심히 적어둔 '니스에서 할 것들'이라는 제목의 메모는 '최근 삭제된 항목'으로 고이 옮겨두었다.

+더 늦기 전에 와야 할 곳

이탈리아 전국일주 7개 도시 중 폼페이, 로마에 이어 세 번째로 기대가 컸던 물의 도시 베네치아에 도착했다. 배에서 내려 땅을 밟자마자 가이드 님의 웰컴 멘트가 이어졌다.

"와~ 여러분! 정말 운이 좋으시네요. 저도 몰랐습니다 지금 축제 중인 줄은."

과연 정말 몰랐을까? 이탈리아에 몇 년을 살고 계시는 분이.

"베네치아 카니발이라는 축제인데요. 사순절에 열리는… 블라 블라 블라… 브라질 리우 카니발, 프랑스 니스 카니발과 함께 세계 3대 축제예요."

휘황찬란한 사람들의 패션과 가면에 시선 강탈 된 나머지 가이드님의 설명을 귓등으로 들었다. 아무튼 우리나라 동대문에서 열리는 패션위크처럼 중세유럽의 전통 패션을 뽐내는 축제인 것 같았다.(단순 내 피셜이고 실제로는 종교적으로도 의미가 있었다.) 중세 유럽을 배경으로 한 영화나 드라마에 나올 법한 복장에 가면을 쓰고서 거리를 활보하는 사람들이 여기저기서 눈에 띄었다. 오히려 평상복 차림의 관광객인 우리가 더 튀어 보였다.

"이거 우리도 가면이라도 하나 사서 쓰고 다녀야 하는 거 아닌가요?"

"물론 원하시면 사서 써보셔도 됩니다."

한번 써볼까 싶었지만 시선이 가려 약간 불편할 것 같아 패스. 직접 체험하는 것도 좋지만 이 신기한 이 광경을 눈으로 실컷 보며 머릿속에 선명하게 저장해두는 쪽을 택했다.

중세 유럽 복장을 풀세트로 차려입은 사람들은 베네치아 거리의 인싸였다. 우리가 경복궁에 한복 입고 다니면 외국인들이 사진 요청을 하듯 여기저기서 사진 요청이 쇄도했다. 나도 사진 한 장 남겨 볼까 싶어 주변을 스캔하다 가장 한가해 보이는 커플(?)에게 다가갔다. 다들 사람들에 둘러싸여 쉴 새 없이 촬영 중인데 유일하게 파리가 날렸다. 왜 그런지 이유는 대충 알 것 같았다. 복장이 약간, 음…. 뭐랄까, 선뜻 다가가기가 어려웠다. 나도 썩 마음에 드는 파트너는 아니었지만 인싸들과 찍으려면 오래 기다려야 할 것 같아 틈새시장을 노렸다.

"익스큐즈미…. 캔 유… 테이크 어 픽처 위드 미?"

"슈얼!"

　소심한 사진 요청에 기다렸다는 듯 흔쾌히 응해주었다. 내가 쭈뼛쭈뼛 다가가자 내 옆으로 훅 들어와 나를 에워쌌다. 살짝 긴장이 됐다. 찰칵! 사진 속 나는 활짝 웃고 있었지만 실은 웃는 게 웃는 게 아니었다는 사실.

　그 옛날 죄수들이 감옥으로 이송되기 직전 마지막으로 베네치아를 바라볼 수 있었다는 탄식의 다리를 지나 나폴레옹이 세상에서 가장 아름다운 응접실이라 칭한 베네치아의 랜드마크, 산 마르코 광장으로 향했다. 광장에는 무대 설치가 한창이었다.
　"무슨 공연이 있나 보네요?"

"카니발 기간 마지막 주말에 의상 경연 대회를 하는데, 그때 가장 아름다운 의상하고 가면을 선발해요."

"아~ 혹시 오늘인가요? 오늘도 주말인데."

"아니요, 다음 주가 카니발 마지막 주말이에요."

딱 걸렸다! 축제 중인 줄 몰랐다는 가이드님이 어떻게 일정을 꿰차고 있을 수 있겠는가? 이것으로 가이드님의 웰컴 멘트는 전형적인 영업 멘트였음이 확실해졌다. 뭐 어쨌든 기분 좋게 해주는 멘트였으니 그냥 기분 좋게 넘어갔다.

"자, 이제 저 잘 따라오세요. 베네치아에서의 하이라이트인 곤돌라 타러 갈 겁니다."

산 마르코 광장의 빽빽한 인파를 헤치고 곤돌라 선착장에 도착했다. 곤돌라는 선택관광이었다. 소감부터 미리 말하면 옵션인데 옵션 아닌 옵션 같은 옵션.(뭐라는 거냐.) 선택 관광이지만 사실상 거의 필수 관광이니 굳이 고민해서 선택할 필요가 없다는 얘기다. 그냥 쿨하게 선택하면 된다. 지금까지 있었던 몇 가지 선택 관광 중 유일하게 모두가 선택한 선택관광

이었다. 미리 이탈리아 여행 공부를 하고 오신 몇몇 분들은 이번 패키지여행에서 가장 기대했던 것 중 하나라고도 말씀하셨다. 가이드님이 베네치아의 하이라이트라고 했지만 사실상 이탈리아의 하이라이트였던 셈이다. (약간 비싼 감은 있지만)나도 동의하는 바이다. 곤돌라는 대운하를 쭉~ 따라가다 좁은 골목으로 들어갔다. 골목 곳곳에는 섬과 섬을 이어주는 다리가 있었는데(베네치아는 실제 118개의 섬들이 400개 이상의 다리로 연결되어 만들어진 수상도시다.) 다리를 지날 때면 우린 관광객들의 모델이 됐다. 지나가는 곤돌라를 찍기 위해 사람들은 연신 셔터를 눌러댔고, 남녀노소 국적 불문 손을 흔들며 인사를 했다. 아마 세계 각국의 여행블로거나 여행 관련 사이트 어딘가에 곤돌라에 앉아 선홍빛 잇몸 만개한 내 모습이 떠돌고 있을지도 모른다.

곤돌라 체험을 마치고 나니 슬슬 어둠이 깔리기 시작했다. 곧 있으면 베네치아의 야경을 볼 수 있겠다며 한껏 설렘설렘 하고 있는데 가이드님이 무자비하게 우리의 설렘을 짓밟았다.

"자, 이제 수상 택시 타는 곳으로 가실게요~ 집에 갈 시간이네요 어느덧."

"아우~ 좀 더 있다 가면 안 돼요? 방금 배 탔는데 또 배 타나요? 쉬면서

야경 좀 보고 천천히 갑시다! 혹시 저녁에 뭐 약속이었어요?"

한 어르신께서 사람들을 대표해 총대를 메주셨지만 가이드님은 단호박
이었다.

"안됩니다! 지금 택시 기사님 기다리고 있어요. 시간 못 바꿉니다. 가면
서 보시죠 가면서."

쳇, 치사하게 예약 변경 불가 스킬을 쓰다니. 하는 수없이 우리는 떨어
지지 않는 발걸음으로 수상 택시에 올랐다. 육지로 돌아가는 수상 택시
의 분위기는 영~ 꽝이었다. 연속된 뱃놀이에 지치기도 했고 아직 베네치
아를 마음속에서 떠나보내지 못했기 때문이기도 했다. 축 처지고 냉랭해
진 분위기를 눈치챘는지 가이드님이 직접 분위기 반전에 나섰다. 수상 택
시의 엔진 소리와 물소리로 가득했던 귀에 가이드님의 박력 있는 목소리
가 파고들었다. 노래는 나폴리 민요 산타 루치아(Santa Lucia). 베네치아
에 산타루치아 역이 있어서 그런지 나폴리 민요지만 베네치아와도 완전

찰떡이었다.

　짝짝짝짝! "앵콜! 앵콜! 앵콜!"

　잊고 있었다. 가이드님이 성악 전공자라는걸. 노래가 끝나자 아주머니들 사이에서 급 팬클럽이 결성됐다.

　"원 모어!"

　수상 택시 기사님도 거들었다. 순식간에 분위기가 바뀌었다. 반응이 좋자 가이드님도 신이 나 몇 번 빼는 척하더니 결국 막곡으로 한 곡을 더 뽑으셨다. 울려 퍼지는 막곡에 아쉬움을 함께 떠나보내며 베네치아와는 정말로 작별 인사를 했다.

　지난 2019년 11월. 물의 도시 베네치아가 최대의 위기를 맞았다. 이탈리아 정부는 '국가비상상태'를 선포했고, 모든 학교에 휴교령이 내려졌다. 관광명소인 산 마르코 광장도 폐쇄 명령이 떨어졌다. 도시의 80% 이상이 물에 잠겼기 때문이다. 1966년 이후, 53년 만에 일어난 최악의 재난이라고 한다. 당시 침수는 수 일째 계속되는 호우에 아프리카에서 불어오는 시속 100km나 되는 강한 바람에 바닷물 수위가 갑작스럽게 발생된 재난이라고는 하나, 사실 베네치아의 침수 문제는 일본의 지진 문제처럼 늘 수면 위에 떠 있었다. 지구 온난화로 인해 매년 해수면이 상승하고 있기 때문이다. 기사를 보고 있자니 새로 산 신발에 김치 국물 한 방울 묻은 것처럼 안타까웠다. 격하게 아끼는 여행지 중 한 곳인데. 문득 베네치아 여행 당시 가이드님이 했던 말이 생각났다.

　"여러분은 베네치아에 참 잘 오신 거예요. 어쩌면 나중에는 못 올지도 모릅니다. 물론 그래도 아직은 먼 미래 이야기고, 이탈리아에서 그렇게 되도록 놔두진 않겠지만 나중에는 물에 잠겨서 없어질지도 몰라요. 요즘도 비

가 많이 오면 종종 장화 신고 다녀야 되거든요."

  그때는 별 대수롭지 않게 생각했었는데 실제로 우려했던 일이 일어났다고 하니 그때라도 가보길 정말 잘했다는 생각이 들었다. 인터넷에서 여행지 관련 검색을 하다 보면 '죽기 전에 꼭 가봐야 하는 여행지'라는 기사를 종종 보게 되는데, 앞으로는 죽기 전에 가봐야 할 곳보다 '없어지기 전에 가봐야 할 곳'을 먼저 가봐야 할 것 같다. 더 늦기 전에.

Just look around 베로나

  베로나는 셰익스피어의 희곡이자 영화는 물론 다양한 문화 콘텐츠로 만들어져 잘 알려진 '로미오와 줄리엣(Romeo and Juliet)'의 비극적인 사랑 이야기를 담고 있는 도시다. 그래서 베로나 아레나, 포르타 누오바, 시뇨리 광장, 에르베 광장, 가비 개선문 등 다양한 볼거리들이 있음에도 사람들이 벌떼처럼 몰려드는 곳이 '줄리엣의 집'이다. 특히 영화 속 줄리엣이 되어 볼 수 있는 발코니와 줄리엣 동상이 인기다. 줄리엣 동상의 오른쪽 가슴을 만지면 원하는 사랑이 이루어진다나 뭐라나. 아마도 이런 썰은 남자가 만들지 않았을까 싶은데(누군지는 몰라도 정말 감사합니다.) 사람들의 손길이 하도 닿아 오른쪽 가슴만 유난히 닳아있다. 왠지 죄책감도 들고 미안함 마음도 들었지만 나도 본능적으로 손을 얹었다. 므훗(느끼는 거 아닙니다. 변태는 더더욱 아니고요. 여기선 다들 이렇게 사진 찍는답니다. 정말입니다.)

+미남미녀 주의보

밀라노 대성당을 보러 가는 길. 가는 내내 가이드님이 한 가지 주의사항을 반복적으로 어필하며 신신당부를 했다.

"여성분들은 잘 생긴 남자 조심하시고, 남성분들은 예쁜 여자 조심하세요! 꼭이요! 여러분 좋아서 다가오는 거 절대! 아닙니다. 여러분의 핸드폰과 가방, 그리고 가방 안에 있는 게 좋아서 오는 겁니다."

유럽 하면 광장, 성당, 맥주 등 바늘과 실처럼 붙어 다니는 것들이 몇몇 있는데 그중 제발 붙어 다니지 말았으면 싶은 것 하나는 바로 소매치기다. 장기 유럽여행을 갔던 사람이라면 소매치기 썰 하나쯤은 훈장처럼 가지고 있을 만큼 (MSG 살짝 쳐서) 유럽은 소매치기의 나라다. 왜 유명한 일화도 하나 있지 않은가?

"헤이! 이츠 마이 백(Bag)!"

"헤이! 이츠 마이 잡(Job)"

인터넷에 유럽 여행에서 주의해야 할 것을 검색해 봐도 단연 소매치기가 1등. 소매치기 때문에 유럽은 패키지로만 가는 사람들도 있단다. 다행인지 불행인지 난 아직까지 장기로 유럽을 다녀 본 적이 없어 소매치기를 당해 본 적은 없지만 들어본 썰은 수십 개다. 그 썰들이 모두 찐이라면 충분히 그럴 수도 있을 것 같다.

소매치기의 도시라는 오명이 있긴 하지만 밀라노는 사실 패션의 도시다. 매년 두 번 뉴욕, 런던, 파리 패션 위크와 함께 '4대 패션 위크'로 불리는 밀라노 패션 위크가 열린다. 그래서인지 두오모 광장에는 패피들이 많았다. 안 그래도 잘 생기고 예쁜데 옷까지 잘 입으니 (외모지상주의는 아닙니다만) 매력이 뿜뿜 터졌다. 정말 순진하게 있다가는 나도 모르게 핸드폰에 내 영혼까지 담아 건네줄지도 모르겠다는 아찔한 생각이 엄습했다. 안되지 안돼! 그러면 안 되지! 밀라노에 있는 동안은 정신 똑바로 차리고 다녀야지!

밀라노 대성당을 한 프레임에 담기 위해 두오모 광장의 한가운데로 이동했다. 적당한 지점에 도착해 사진을 찍으려는데 내 어깨에 닿은 온기가 느껴졌다. 앗! 설마 이것은…. 결국 올 것이 오고야 말았구나. 어찌해야 하나 고민할 틈도 없이 고개를 휙 돌리며 반사적으로 핸드폰과 가방을 움켜쥐었다. 나이스 캐치! 당하지 않았다.

"오우! 미안해요. 그냥 사진 부탁하려고 그런 건데."

"아…. 사진이요?"

친구로 보이는 여자 셋(이하 세 언니) 이었다. 국적은 알 수 없음. 이탈리아 여자인지 아닌지가 중요했다. 아니다. 꼭 이탈리아 사람만 소매치기라는 법이 있나? 대부분이 서양 사람들인 이곳에서 가장 튀는 건 동양 사람이니 이탈리아에 여행 온 다른 나라 사람이 소매치기를 할 수도 있는 것 아닌가? 찰나의 시간 동안 혼자 온갖 소설을 쓰고 있는 그때 다시 말을 걸어왔다.

"저기, 사진 찍어주실 수 있으세요?"

"아! 찍어준다는 게 아니고 찍어 달라고요!? 되죠~ 찍어 드릴게요!"

그랬다. 난 내 핸드폰을 노린(당시 최신 사과폰이었다.) 접근이라 생각해 계속 날 찍어주겠다는 줄 알았다. 순간 부끄러움이 하늘을 찔렀지만 그냥 영어를 잘못 알아 들어서 그런 척하고 핸드폰을 넘겨받았다. 찰칵! 찰칵! 밀라노 대성당을 배경으로 사진을 몇 장 찍어주고는 핸드폰을 넘겼다.

"땡큐 베리 머치! 혼자 왔어요? 제가 하나 찍어 줄까요?"

순간 슈얼!이라고 대답할 뻔했다. 겨우 무너진 경계심을 바로 세웠다. 아직 긴장을 놓기는 일렀다. 이게 수법일 수 있기 때문이다. 본래 누군가에게 사진 부탁을 할 때는 먼저 찍어주는 게 인지상정이니까. 훗! 내가 좀 순진한 편이긴 하지만 아무리 그래도 그런 풋내기 수법에는 안 당하지.

"괜찮아요~^^(거짓 미소) 저기 친구들 있어요.(저기 아무도 없다.)"

"오케이! 그럼 즐거운 여행하세요~ 바이바이~"

세 언니들과 작별 인사를 하고 보니 내가 너무 오버했던 게 아닌가 생각이 들었다. 과유불급이라 했거늘. 잘 생긴 남자, 예쁜 여자라고 다 소매치기겠는가? 그러면 이탈리아 사람들은 다 소매치기게!? 이탈리아에 미남미녀가 얼마나 많은데. 특히나 밀라노에서는. 동네 골목만 돌아다녀도 마주치는 게 조인성이고 김태희다.(이렇게 또 아재 티를 내다니.) 찍어 준다고 할 때 넙죽 받아먹을걸. 뒤늦은 후회가 밀려왔다. 평소의 나였다면 이렇게 만난 것도 인연이니 넷이서 한 장 찍자고도 했을 텐데. 본디 자유로운 영혼인 내가 패키지여행 10일차에 어느새 가이드님 말 잘 듣는 모범 패키지 여행자가 되어 있었다. 그 덕에 좋은 추억거리 하나 날렸다. 훗날 밀라노에 다시 오게 되면 그땐 내가 먼저 다가가 보련다. 아마 동양인이 다가가는 건 의심하지 않을 거다. 무엇보다 난 미남이 아니니까.

6

야들아! 방콕가자!

환갑 엄마와 다 큰 두 아들의 추석 특선 가족여행

*|이번 추석 연휴, 역대 공항 최대 이용객 수를 갱신할 것으로 예상
됩니다.|*

매년 명절이면 역대 공항 최대 이용객 수가 갱신되곤 한다. 아마 올림픽
종목 중 하나였다면 우리나라가 매회 금메달은 물론이요 신기록을 밥 먹
듯이 갈아치우지 않았을까. 어렵다 어렵다 하는 경기 속에서도 다들 이렇
게 잘만 돌아다니는데 우리 집 황후 마마님과 아우님께서는 아직 순수 국
내파였다. 그에 비해 해외출장이다 여행이다 해서 소소하지만 몇 개국 다
녀온 꼴에 해외파인 나는 그동안 너무 나 혼자만 다닌 건 아니었는지 엄마
와 동생에게 괜한 미안함이 있었다. 그래서 난 엄마와 동생의 해외진출을
적극 추진했다.

"엄마, 혹시 어디 가고 싶은데 있어?"

"어디든 다 좋지~ 갈 데가 없어? 돈이 없고 시간이 없지."

"그렇긴 하지. 혹시 생각나는 데 있걸랑 언제든 알려 주세요~"

아무래도 동생에게는 앞으로 기회가 더 많을 테니 엄마가 가고 싶은 곳
을 가기로 했다.

그로부터 며칠 후, 엄마가 나와 동생을 불러 모았다.

"야들아! 우리 방콕 가자!"

#눈이 부시다

....

    아름다운 것을 봤을 때, '눈이 부시게 아름답다'는 표현을 쓰곤 한다. 하지만 생각해 보면 살면서 지금까지 정말 아름다워서 눈이 부셨던 적은 없었던 것 같다. 단지 아름답다, 예쁘다를 강조하기 위한 표현이었을 뿐. 하지만 왓 프라깨우는 정말로 눈이 부시게 아름다웠다. 여기서 눈이 부시게는 아름다움을 강조하기 위한 '눈이 부시게'가 아니다. 말 그대로 정말 눈이 부셨다. 왓 프라깨우는 태국의 현 왕조인 짜끄리 왕조의 창시자이자 수도를 지금의 방콕으로 옮긴 라마 1세가 방콕 왕궁과 함께 지은 왕실 전용 사원이다. 크게 5개의 건축물로 구성이 되어있다. 매표소를 통과하자마자 왓 프라깨우의 상징인 황금색 불탑, 프라씨 랏따나 쩨디와 프라 몬돕이 가

장 먼저 우리를 환영했다. 왓 프라깨우를 검색하면 항상 메인을 장식하는 사진 속 풍경이 눈앞에 펼쳐졌다.

"우와아아아~~~"

 엄마만 없었다면 아마 욕이 먼저 나왔을 거다. 고운 우리말로는 도저히 표현할 수 없을 만큼 웅장했고 비현실적이었다. 관람객들은 계속해서 밀려들어오는데 들어온 사람들이 깊이 들어가지 않고 너도나도 사진부터 찍으니 입구 주변은 순식간에 퇴근시간 지하철 9호선 못지않게 혼잡해졌다. 그 와중에도 시선이 쏠리는 것은 프라씨 랏따나 쩨디었다. 꼭대기에서 중간부까지는 아이스크림콘을 거꾸로 박아놓은 듯했고, 중간부에서 아래까지는 거대한 종 같았다. 전체적으로 봤을 땐 위로 갈수록 좁아지면서 끝이 뾰족한 게 왠지 우주와 교신하는 전파탑 같기도 했다. 전형적인 스리랑카 양식이라고 한다. 전면이 금으로 되어있어 햇빛이 비치면 단연 눈이 부셨다. 계속 쳐다보고 있으면 잠시 눈앞이 하얗게 될 정도. 그런데 눈에 보이는 게 다가 아니었다. 금덩이인 줄 알았던 탑은 사실 금이 아닌 금색 옷을 입고 있는 것이었다. 꼭대기에 있는 구슬만 순금이고 나머지는 모두 도금이라고. 하긴 부처님께서 그렇게 욕심이 많으실 리 없지. 불탑 내부도 소박하게 부처님 가슴뼈를 모시고 있단다. 프라씨 랏따나 쩨디 옆에 있는 프라 몬돕은 기둥이 그리스 파르테논 신전을 연상케 한다. 외벽에 모자이크 장식이 있어 멀리서 바라봤을 땐 불탑만큼 눈이 부시지는 않았지만 가까이서 보니 이것도 온통 금이었다.(물론 도금이다.) 장식 하나하나의 디테일이 너무나 정교해서 놀라웠다. 왕실 도서관으로 불교 성전이 보관되어 있다고 한다. 철문으로 굳게 닫힌 입구를 지키고 있는 두 사신과 부처님 얼굴을 하고 있는 머리 다섯 달린 뱀에게서 가까이 가면 안 될 것 같은 위압감이 느껴졌다.

프라씨 랏따나 쩨디와 프라 몬돕을 지나 안으로 더 들어가면 나오는 '봇(Bot)'이라는 이름의 왓 프라깨우 법당이 나온다. 사실상 이곳이 왓 프라깨우의 핵심, 왓 프라깨우의 심장이라 할 수 있다. 법당 안에는 태국에서 가장 신성한 불상인 프라깨우가 안치되어 있다. 태국 국보 1호이기도 한 불상은 높이 66cm의 옥으로 만들어졌는데, 발견 당시 승려가 옥을 에메랄드로 착각하여 사원의 이름이 에메랄드 사원이 된 것이라 한다. 실제로 눈에 보이는 왓 프라깨우는 온통 삐까뻔쩍 금빛 물결이지만 에메랄드 사원이라 불리는 데는 다 이유가 있었다. 위대한 발견에 위대한 착각이다. 아무리 생각해도 '옥 사원'은 쫌….

왓 프라깨우에는 짜끄리 왕조 역대 왕들의 동상을 실물 크기로 보존하고 있는 쁘라쌋 프라 텝 비돈, 라마 4세가 캄보디아 앙코르 와트까지 영토를 지배했었던 영광의 시절을 기념한 앙코르 와트 모형, 그리고 우리나라 단군신화와 같이 태국의 건국신화를 담은 라마끼안 벽화가 그려진 회랑 등 볼거리가 다양했다. 어디로 눈을 돌려도 눈이 부시기는 마찬가지. 선글라스 때문에 콧잔등 위로 땀이 송송 맺혔지만 잠시도 선글라스를 벗을 수 없었다. 콧잔등을 타고 자꾸만 미끄러지려는 선글라스를 계속 추켜올렸다. 행여라도 너무 답답하고 불편해 잠깐이라도 벗게 된다면 눈부심 주의할 것!

#엄마의웃음

가족여행이다 보니 신경 쓸 것들이 많았다. 혼자 여행이거나 친구들과의 여행일 때야 길을 잘못 들어서면 몇 걸음 더 걸으면 되고, 기대했던 곳이 별로더라도 좋은 경험한 셈 치면 그만이지만 엄마에게는 체력적으로 힘든 일이기에 가급적 시행착오를 겪지 않으려 했다. 최소한의 동선과 엄마가 즐길 수 있는 일정에 초점을 두고 여행을 준비했다. 그중 약간 불안한 일정이 하나 있었는데 칼립소 쇼 관람이었다. 트랜스젠더쇼이기 때문이다. 동생이야 요즘 애들이니 애초에 신경 밖이지만 내가 아는 엄마는 동년배 아주머니들 사이에서도 옛날 사람이었다. 그런 엄마가 받아들이기에 무리가 되지는 않을는지, 과연 엄마가 쇼를 재미있게 즐길 수 있을는지 걱정과 기대가 반반이었다. 그러면서도 군이 칼립소 쇼를 보러 가는 이유는 하나같이 칭찬 일색이었던 후기들 때문이다. 나처럼 부모님과 함께 관람한 사람들이 제법 있었다. 다들 만족하셨단다. 해서 나도 한 번 과감하게 도전해 보기로 했다.

아시아티크에서 저녁을 먹고 입장시간에 맞춰 공연장에 도착했다. 무대는 사진으로 봤던 것보다 아담했다. 객석과 무대의 거리도 소극장에서 연극을 보는 것만큼 가까웠다. 무대에는 아직 커튼이 쳐져 있었고 객석은 각자의 자리를 찾아가는 사람들로 분주했다. 어수선한 분위기 속에 직원이 음료 주문을 받았다. 입장료에 Free 드링크 한 잔이 포함되어 있었다. 나는 맥주, 엄마와 동생은 각각 환타와 콜라를 주문하고 공연을 기다렸다. 음료가 나오고 얼마 지나지 않아 공연이 시작됐다. 공연장을 밝히고 있던 붉은 조명이 꺼지고 무대 위 커튼이 열렸다. 공연 시작. 시작부터 요란한 음악과 함께 엄마 표현으로 야시시~한 옷차림의 트랜스젠더들이 농염한 춤사위를 펼쳤다. 난 엄마의 눈치를 먼저 살폈다. 표정을 보아하니, 음…. 그냥 아무 생각이 없으신 것 같았다. '쟤네 지금 뭐 하는 거지?' 하는 것 같은 표정이랄까? 딱히 재미있어하는 것 같지는 않지만 걱정했던 거부감은 없으신 듯 보였다. 그제야 나도 마음을 조금 내려놓고 공연을 즐겼다.

"하하하하."

갑자기 익숙한 듯하면서도 어색한 웃음소리가 들려왔다. 아무 생각 없이 보는 것 같았던 엄마가 박장대소를 하고 있는 것 아닌가?

"엄마, 재밌으셔?"

"다들 웃으니까 그냥 웃음이 나오네."

평소 예능을 보면서도 웬만해선 잘 웃지 않는 엄마인데 트랜스젠더쇼를 보면서 웃다니. 비록 쇼가 재밌어서 웃는 건 아니었지만 웃음만큼은 찐웃음인 것 같이 왠지 뿌듯하고 기분이 좋았다. 문득 엄마의 웃음을 마지막으로 봤던 때가 언제였나 싶었다. 며칠 전? 몇 달 전?, 아니 몇 년 전? 전혀 기억이 나지 않았다. 그만큼 오랜 전부터 엄마의 얼굴에서 웃음이 사라졌던 걸까? 아니, 그보다는 어쩌면 엄마의 얼굴을 한 번도 유심히 본 적이 없어 내가 모르는 걸 수도 있겠다는 생각이 들었다. 난 눈앞의 쇼는 잠시 제쳐두고 엄마의 얼굴을 바라봤다. 어느덧 주름은 깊어졌고 옅은 화장으로는 숨길 수 없는 다양한 세월의 흔적들이 묻어있었다. 내가 열두 살 때, 그러니까 지금으로부터 20년 전 아빠가 돌아가시고부터 쭉 나와 동생만을 바라보며 살아오신 엄마였다. 홀로 철없는 두 아들을 감당하는 게 얼마나 벅차고 힘에 겨우셨을지. 그 고생의 증거가 엄마의 얼굴에 고스란히 드러나 있었다. 바로 앞 무대에서는 흥겨운 음악에 맞춰 트랜스젠더 무용수들이 끼를 부리고 있고, 주변에서는 사람들이 박수치며 웃고 있었지만 엄마의 얼굴을 보고 있는 나는 웃을 수 없었다. 먹먹한 마음에 한동안 엄마의 얼굴을 계속 쳐다봤다. 내 시선을 느꼈는지 엄마가 고개를 돌렸다.

"왜?"

"나도 재밌어서. 하하하하."

   시장에 가는 걸 좋아한다. 지역 특산품을 비롯해 질 좋은 물건을 저렴하게 살 수 있다는 공익광고스러운 이유도 있지만, 그보다는 엄마의 짐꾼으로 따라가는 경우가 대부분이라 따라가서 뭐라도 하나 얻어먹어야겠다는 돼지런한 욕심이 더 크다. 시장통 길거리 음식 말이다. 김떡순(김밥, 떡볶이, 순대)은 기본이고 어묵, 꽈배기, 도넛, 호떡, 닭꼬치, 닭튀김(치킨과는 엄연히 다르다. 닭튀김만의 맛과 갬성이 있다.) 같은 요기 거리나 식혜, 수정과, 생과일주스, 아이스크림 같은 음료, 디저트류까지. 시장에는 다양하고 맛있는 먹거리들이 가득하다. 하지만 무엇보다 시장 좋은 이유는 갓 잡아 올린 활어처럼 팔팔한 삶의 활기를 느낄 수 있다는 것이다. 고래고래 소리 지르며 손님을 끌면서도 찾아온 손님들을 절대 홀대하지 않는다. 두 개의 귀로 둘 이상의 목소리를 상대한다. 일당백. 그런 모습이 억척스럽게 보이기도 하지만 한편으로는 누구보다도 자기 일에 열심히 인 것 같아 자기반성을 하게 된다. 겉보기엔 강하고 거칠어 보이는 시장 사람들이지만 덤으로 하나 더 얹어 줄 때면 가슴 속에 숨겨둔 따뜻한 정이 느껴진다. 흔히 이런걸 보고 우린 사람냄새 난다고 한다.

   국내뿐만 아니라 해외 어디를 가도 그곳의 사람냄새를 느껴보기 위해 꼭 시장 한 군데는 들른다. 방콕에서 미니밴을 타고 장작 2시간. 태국 로컬들의 향기를(냄새라고 하면 어감이 이상하니) 느끼러 담넌 싸두악 수상시장을 찾았다. 발음에 유의할 필요가 있다. '수산'아니라 '수상'이다. 물 위에 있는 시장이라… 한국에서는 본 적 없는 형태의 시장이다. 상인들이 보트를 타고 다니며 장사를 하는 건가? 아니, 정반대였다. 운하 양옆으로 가

게들이 쭉 늘어서 있고 손님들이 보트를 타고 이 가게 저 가게를 돌아다녔다. 보트를 타고 장사를 하기도 했는데 먹을 것들을 파는 가게였다. 우리나라로 치면 길거리 음식이다. 여기선 뱃길 음식이라고 해야하나? 배를 채울 수 있는 요기 거리에서부터 망고스틴, 두리안 같은 열대 과일과 디저트까지 메뉴가 다양했다. 맞은편에서 보트 한 대가 다가왔다. 방향을 보니 우리가 타깃. 아이스크림 가게였다. 태국의 대표 길거리 디저트인 코코넛 아이스크림이다.

"더운 데 하나 사 먹을까?"

"아, 난 코코넛 별로 안 좋아하는데. 그럼 엄마랑 둘이 먹어~"

코코넛 아이스크림 하나를 사서 엄마와 동생에게 안겼다.

"음~(진실의 미간이 나왔다.) 이거 맛있다! 시원하고 깔끔해. 맛 좀 볼래?"

"그럼 딱 한입만. 오! 요건 맛있네?!"

코코넛의 느끼함을 싫어해 코코넛이 들어간 음식은 거의 안 먹는 편인데 코코넛 아이스크림은 코코넛 과육과 함께 들어있는 바닐라 아이스크림이 코코넛의 느끼함을 잡아줬다. 그러면서도 코코넛 과육의 야들야들하고 쫄

깃한 식감은 그대로 느껴졌다. 나도 모르게 계속 손이 갔다.

"그만 먹어! 맛만 본다며! 둘이 먹기도 모자라."

쩝…. 엄마에게 숟가락을 강탈당했다. 쳇, 치사빤스다!

아이스크림 먹부림을 하는 사이 수상시장 투어의 끝이 다가왔다. 보트
는 선착장을 향해 가고 있었다. 수상시장의 분위기는 기대했던 것과는 달
랐다. 수상시장이라는 점에서 내가 알던 흔한 시장과는 차이는 있겠지만
그래도 시장하면 모름지기 분주하고 왁자지껄해야 하거늘 상인들 표정에
활기가 없었다. 대부분의 손님들이 관광객이다 보니 구매를 하기보다는
구경하러 온 사람들이었다. 여기에 한술 더 떠보자면 솔직히 구매할 만큼
매력적이거나 특이한 물건이 딱히 없는 게 현실. 투어 내내 먹을 것을 제
외하고 실제 구매를 하는 사람은 단 한 명도 보지 못했으니 말이다. 사정
이 이러하다 보니 상인들도 애써 호객행위를 하지 않는 듯 보였다. 어차
피 그냥 보트 타고 스쳐 지나가는 나그네일 테니. 이토록 사람냄새 안 나
는 시장은 처음이었다. 사람냄새 대신 탁한 운하의 물 비린내와 가끔씩 맛
있는 음식 냄새, 달달한 과일 냄새만이 느껴졌다. 많이 아쉬웠다. 치열해
야 할 삶의 현장에서 정말 치열한 것은 운하를 빼곡히 채운 보트와 뱃사공
들뿐이었다.

#깨어난 주부 9단의 본능

　엄마, 나, 동생. 우리 세 식구 다 함께 외출을 하면 보통 골목대장 역할은 엄마가 맡는다. 엄마가 제일 앞에서 걷고 그 뒤를 나와 동생이 쫓아간다. 뭐가 그렇게 바쁜지 엄마의 걸음은 항상 빠르다. 좀 천천히 걷자고 하면 본인은 끝까지 천천히 걷고 있단다. 누가 봐도 엉덩이 실룩실룩, 팔을 앞 뒤로 크게 저으며 걷고 있는데도 말이다. 쌍문동 골목대장이 방콕에서는 졸병이 됐다. 여행 내내 엄마는 나와 동생의 뒤꽁무니만 쫓아다녔다. 항상 눈앞에 엄마의 뒷모습이 있었는데 이제는 등 뒤에 엄마가 있었다. 동생과 나에게는 방콕만큼이나 신선한 광경. 이 상황이 재밌으면서도 혹시나 엄마가 우리를 놓치지는 않을까 싶어 이따금씩 뒤돌아 엄마를 살피곤 했다.

　"엄마, 잘 따라오고 계셔?"

　"응~ 그럼~"

　좁은 골목 사이 기찻길을 따라 걸었다. 내내 뒤에 있던 엄마가 갑자기 훅! 치고 올라왔다. 우리를 앞질렀다. 어디 많이 봤던 아주머니의 익숙한 뒤

태. 엄마의 걸음이 바빠졌다는 건 매 끄럼 위험한 기찻길 시장에 도착했다는 뜻이었다. 우리나라 의 재래시장과 비슷 한 분위기에 잠들어 있던 엄마의 주부 9

단 본능이 깨어난 것이다.

"역시 우리 엄마. 어디 안가지."

정말로 장을 볼 생각인지 엄마는 매의 눈으로 깐깐하게 스캔을 시작했다. 이건 분명 여행자로서의 호기심 어린 눈빛이 아니었다. '오늘 저녁에 뭐해 먹을까~?' 하며 먹이 사냥을 나온 30년 차 주부의 눈빛이었다. 엄마가 두리번 두리번거리다 발걸음을 멈췄다. 과일 가게 앞이었다. 엄마의 시선은 망고를 향했다. 사냥감이 정해진 엄마는 거침없이 말을 쏟아내기 시작했다. 여행 최초, 아니 엄마 생애 최초 외국인과의 대화다. 그런데 이건 무슨 대화?! 한국말로 주고 태국말로 받았다.

"얼마예요? One! 한 봉지!"

"!@#%^@^!%@#^"

나와 동생은 그냥 옆에서 지켜보기만 했다. 과연 엄마가 혼자서 물건을 살 수 있을까 궁금하기도 했고 한국말과 태국말이 오가는 이 대화가 재밌기도 했다. 계속 서로의 말만 하는 이상한 대화 아닌 대화가 이어졌다. 신기한 건 그렇게 몇 마디를 더 주고받는가 싶더니 마침내 엄마가 지갑이 열렸다는 것이다. 거스름돈과 망고 한 봉지를 받고서는 밝은 표정으로 우리를 쳐다봤다. 마치 자랑이라도 하듯.

"망고 한 봉지 샀다. 뭐라고 하는지 하나도 모르겠네."

"뭘 못 알아들어~ 다 샀고만! (엄지척)"

어디서든 어떻게든 원하는 걸 살 수 있는 사람, 바로 대한민국 주부가 아닐까 생각이 들었다. 울 엄마 주부 9단, 인정합니다. 리스펙!

매끌렁 철길 시장을 다 둘러보고도 시장을 떠나지 못했다. 망고 한 봉지 득템에 성공한 엄마의 구매욕이 터진 것은 다행히 아니었다. 우린 왔던 길을 다시 되돌아가며 '그것'이 오기를 기다렸다. 곧 올 때가 됐는데…. 힐끔힐끔 뒤를 돌아보며 걷는데 갑자기 시장 분위기가 요란해졌다. 시장 상인들뿐만 아니라 관광객들도 술렁이기 시작했다. 상인들은 가게를 접기 시작했다.

"오~ 이제 오나 보다."

우리 포함 아마 이곳의 모든 관광객이 기다렸을 '그것'. 시장을 관통하는 기차였다. 이래 봬도 매끌렁 철길 시장 아닌가. 기찻길에는 당연히 기차가 지나가야 할 터. 매일 8번 정해진 시간에 기차가 다니는 이벤트가 있었다. 운 좋게 시간을 잘 맞춰 갔다. 이 좁은 틈으로 기차가 지나간다니. 상인들이 가게를 접고 물건들을 벽으로 찰싹 붙여 놓은 게 이제야 이해가 됐다. 멀리서 노란색과 빨간색이 섞인 네모난 물체가 다가온다. 정말 기차다. 색이 화려해서 그렇지 우리나라 지하철과 비슷했다. 시장 폭이 기차의 폭과 거의 딱 일치했다. 기차는 닿을 듯 말 듯 아슬아슬하게 지나갔다. 그래서 철길 앞에 '위험한' 이란 수식어를 붙였나 보다. 기차가 빠져나가는 동시에 상인들은 다시 접었던 것들을 펼쳤다. 하나씩 착착 펼쳐지고 바로 장사를 시작하는 모습이 마치 기계 같았다. 하루 8번, 일주일이면 56번, 일 년이면 2920번. 그들에게는 당연히 익숙할 수밖에 없는 일상이었다. 우리에게는 재미있는 볼거리가 저들에게는 치열한 일상이라 생각하니 이것저것 마구 사진을 찍어댔던 게 왠지 조금 미안했다. 여행을 왔으니 당연한 것

아니냐 생각할 수도 있겠지만 여행자에게도 품격이 있고 현지인들을 배려해야 할 의무가 있다고 생각한다. 그래야 여행자에게나 현지인에게나 서로에게 좋은 기억으로 남을 수 있지 않을까? 비록 아주 잠깐 스치는 인연일지라도 말이다. 남은 여행에서는 여행자로서의 품격을 갖추고 현지인들을 배려하는 선에서 즐겨야겠다 생각했다. 그리고 앞으로 하게 될 다른 모든 여행에서도.

아무리 친한 사이 일지라도 피해 갈 수 없는 법칙이 하나 있다. 바로 '여행 가면 싸운다'는 법칙. 친한 친구, 연인, 그리고 피붙이인 가족까지. 오히려 가까우면 가까울수록 이 법칙은 더 잘 들어맞는 경향이 있다. 여행 가서 절교했다는 십년지기 친구, 함께 갔다가 따로 왔다는 연인, 여행 이후 일주일 넘게 겸상을 안 했다는 가족.(절대! 우리집 이야기는 아니다.) 주변에서 심심치 않게 들을 수 있는 여행 에피소드다. 단순하게 생각해서 여행 스타일 차이 문제이기도 하지만 조금 복잡하게 생각해 보면 대개 서로 간 이해나 배려 부족으로 생기는 오해로 인한 싸움이다. 평소 내가 잘 알고, 다 알고 있다고 생각하는 사람이 내가 아는 것과 다른 태도를 보일 때, 뒤통수를 맞은 듯한 배신감과 함께 실망이 찾아온다. 이는 곧 분노로 표출된다. 대부분의 싸움은 보통 이렇게 시작된다.

평소 다정하지는 못해도 엄마와 큰 트러블 없이 지냈고 8살이나 차이가 나는 늦둥이 동생과는 관심사가 달라 서로에게 크게 신경을 쓸 일이 없었다. 남들이 봤을 때 해피 바이러스가 뿜뿜 솟아나는 화목한 가정까지는 아니더라도 크게 문제는 없다고 생각했다. 여행 3일 차까지 싸우지도 않아 우리 가족은 여행 가면 싸운다는 법칙도 피해 가는구나 내심 자랑스럽기도 했다. 하지만 여행 4일 차 방콕 여행의 마지막 밤, 오랜 시간 묵혀온 가슴속 응어리들이 조금씩 넘쳐흐르기 시작하더니 이내 주체하지 못하고 콸콸 쏟아져 버리고 말았다. 우리 가족도 결국 피해 갈 수 없었던 것이다. 시작은 방콕에서의 마지막 밤을 기념하기 위한 저녁식사에서였다.

"너무 고기만 가지고 오지 말고 야채도 좀 가져와~"

"응, 같이 먹고 있어. 알아서 챙겨 먹을 테니까 내 걱정 말고 맛있는 거 챙겨 드세요~"

여기까지는 괜찮았다. 하지만 이 대화를 시작으로 엄마와 동생은 언성이 점점 높아지기 시작했다. 말에 감정이 섞이기 시작하자 주제가 이상한 대로 흘러갔다.

"그래! 이참에 다 얘기해봐! 대체 뭐가 그렇게 불만인데?!"

엄마의 전쟁 선언! 동생도 이때다 싶었는지 하나하나 이야기를 꺼내기 시작했다. 이번 여행을 포함해 지금까지 살면서 가지고 있었던, 아니 가지고 있는 줄도 몰랐던 불만들이 하나씩 쏟아져 나왔다. 그렇게 서로 몇 차례 공격을 주고받고 나더니 알 수 없는 침묵이 흘렀다.

"너는 뭐 할 얘기 없어? 너도 있으면 다 털어놔봐! 엄마한테든 쟤한테든."

"응…?"

갑자기 화살이 나를 향했다. 예상치 못한 공격에 당황한 나머지 결국 나도 모르게 불만들을 입 밖으로 내뱉고 말았다. 나 역시 몇 차례 엄마와 공격을 주고받았다. 그리고는 어김없이 침묵이 찾아왔다. 침묵을 깬 건 엄마였다.

"아무래도 우리는 대화가 너무 부족한 거 같다. 엄마랑 대화 좀 하자 평소에. 만날 밖으로만 싸돌아다니지 말고!"

엄마의 그 말에 또 발끈하려는 동생을 난 눈빛으로 제압했다. (찌릿!)'야! 일단 가만히 있어!'

엄마의 말을 듣고 보니 너무나 맞는 말이었기 때문이다. 아무런 문제가 없다고 생각한 우리 가족이었다. 하지만 문제가 있는 걸 몰랐던 거지 문제가 없는 게 아니었다. 대화의 부재. 그 원인은 엄마 말대로 나와 동생에게 있었다. 순간 전투 모드에서 죄인 모드로 바뀌었다. 엄마에게 미안했다. 어쩌면 평소 자주 하던 잔소리들이 우리와 대화를 하기 위한 시도가 아니었을까란 생각도 들었다. 여행 중 평소보다 대화를 많이 하긴 했지만 그보다는 평소에 대화를 더 잘 해야겠다 생각하고 반성하고 마음먹었다.(근데 희한하게 마음처럼 잘 안된다.) 엄마의 마지막 한방으로 일단 전쟁은 끝이 났다. 그럼 우리 가족 여행의 끝은 어떻게 됐냐고? 식사를 마치고 올라간 루프탑에서 야경을 보며 아무 일도 없었다는 듯 활짝 웃으며 셀카를 찍었다. 이런 게 가족인가 보다.

7

나 혼자 유럽간다! 1

폴란드엔 왜 갔어?

1년 3개월간의 백수생활을 청산하고 다시 월급의 노예가 되기 한 달 전. 이제 더 이상 나에게 자유는 없다 생각하니 마지막으로 자유를 격하게 만끽해야겠다는 생각이 들었다. 당장 자유여행을 계획했다. 여행지는 동유럽, 쇼팽과 교황 요한 바오로 2세의 나라 폴란드로 정했다.

폴란드에 간다고 했을 때 주변에서 폴란드에는 왜 가느냐? 뭐 보러 가느냐?는 질문이 많았다. 그만큼 이름은 들어봤지만 이탈리아, 스페인, 프랑스, 체코 등과 같이 이름만 들어도 머릿속에서 풍경이 휘리릭 스쳐 지나가는 인기 있는 여행지는 아니었다. 그게 내가 폴란드를 선택한 이유였다. 이탈리아 패키지여행으로 가급적 현지에서 한국 사람을 마주치지 말아야 한다는 걸 뼈저리게 느꼈기 때문이다. 한두 번쯤, 한두 명쯤 마주치면 반갑지만 매일 만나게 되면 내가 해외로 여행을 온 건지, 국내로 여행을 온 건지 혼란스러울 때가 가끔 있었다. 또 다른 이유를 꼽자면 저렴한 물가였다. 퇴사 후 자유분방한 삶을 살며 퇴직금도 자유분방하게 쓰다 보니 어느새 탕진각이었다. 짠 내 풀풀 풍기며 최대한 오래 여행을 하기 위한 선택이었다. 결과적으로 대만족이었다. 폴란드의 천년고도 크라쿠프와 현재의 수도인 바르샤바를 여행하며 잊지 못할 추억을 남겼다. 처음으로 여행 중 친구들을 사귀었고(폴란드 친구들이 아닌 터키 친구들이라는 게 함정), 아우슈비츠 투어로 다크투어에도 관심을 가지게 되었다. 패스트푸드점조차 혼자 갈 수 없었던 혼밥 울렁증을 한방에 날려버렸다.(이제 패밀리 레스토랑에서도 혼자 칼질이 가능하다.) 매일매일 스펙터클한 사건 사고가 넘쳐나는 바람 잘 날 없는 여행은 아니었지만 하루하루 잔잔한 에피소드가 끊이지 않았던 여행이었다.

#스파시바 아나스타샤

    안전벨트를 착용하고 등받이를 바로 세우고 핸드폰을 비행기 모드로 바꿨다. 이륙하기 전 마지막으로 점검하는 시간을 나는 좋아한다. 여행 중 가장 설레는 순간. 모든 이륙 준비를 마쳤다. 경건한 마음으로 성스러운 이륙을 맞이하려는데 자리가 불편한 건지 아니면 급똥이 마려운 건지 아까부터 몸을 배배 꼬듯 안절부절못하고 있는 옆자리 외국인이 내심 거슬렸다. 순수하게 도와주고 싶은 마음에서가 아니라 계속 거슬리는 게 내가 불편해서 뭐가 문제인지 도와줘야겠다 싶었다. 슬쩍 고개를 돌려 아이 콘택트를 시도했다. 그러자 기다렸다는 듯 먼저 내게 말을 걸었다.

    "저기…. 죄송한데요 문자메시지로 제 친구랑 연락 좀 할 수 있을까요? 지금 제 핸드폰은 안돼요. 지금 이 비행기에 같이 타고 있을 거예요. 티켓을 잘못했는지 자리가 달라요."

    "아~ 그럼요."

    전혀 예상하지 못했던 한국말과 전개에 살짝 당황했지만 뭐 문자 하나 정도야 어려운 부탁이 아니니 흔쾌히 핸드폰을 넘겼다. 그녀는 익숙하지 않은 한글 자판을 독수리 타법으로 한 글자씩 써 내려갔다. 곧 이륙하면 내 폰도 무용지물이 될 텐데 저렇게 써서야 원, 이륙 전에 못 보낼 것 같았다.

    "잠시만요, 제가 쓸게요. 불러주세요."

    "아 정말요? 감사합니다~"

    본의 아니게 그들의 대화를 엿보게 됐다. 그녀의 친구는 휴가를 떠나는 모양이었다. 어디로 가는지는 모르겠으나 같은 비행기를 타고 갈 예정이었던 것 같았다. 하지만 비행기 탑승 후 아무리 찾아도 친구가 안 보이자 그녀는 서로 다른 비행기를 탔다고 생각하고 있었다. 그런데 알고 보니 둘은 같은 비행기에 있었다. 정말인가 싶어 비행기 편과 시간을 맞춰보니 일치했다. 그녀는 친구와 서로의 좌석 번호를 주고받고는 식사 시간에 자리로 놀러 가겠다며 대화를 마쳤다. 그와 동시에 기가 막히게도 서서히 움직이던 비행기의 엔진이 점화되는 소리가 들렸다. 이륙 후 안전권에 접어들어 친구를 만나고 온 그녀는 내게 고맙다며 연신 감사 인사를 했다. 나는 괜찮다며 연신 손사래를 쳤다. 여차저차해서 서로 말을 트게 된 우리는 이때부터 수다를 떨기 시작했다. 나에게는 경유지인, 그녀에게는 도착지인 모스크바 공항에 도착할 때까지. 장작 9시간 반 동안을 말이다.

그녀의 이름은 아나스타샤. 올해로 서른 살. 이제 막 계란 한 판이 된 러시아 사람이었다. 비록 핸드폰 한글 자판은 독수리 타법을 사용했지만 몇 살이냐고 묻는 질문에 팔칠 년생이라고 답할 만큼 한국어로만 보면 그냥 파란 눈의 한국인이었다.

"한국엔 언제 왔어요?"

"일주일 전에 왔어요. 창원이랑 서울에서 오랜만에 친구들 만나고 놀았어요. 친구 결혼식 갔다가 친구 부부랑 같이 출국하는 거예요."

친구와는 친구가 모스크바 유학 중일 당시 알게 되었단다. 친구가 청첩장과 함께 비행기 티켓을 보내 겸사겸사 한국에 온 것이었다. 둘의 우정이 얼마나 각별한지는 모르겠지만 해외 결혼식 참석이 결코 쉬운 일은 아닐 텐데 초대한 친구나 초대받고 온 아나스타샤나 둘 다 정말 대단해 보였다. 이런저런 이야기를 계속 나누다가 어느 순간 말을 놓았다. 내가 오빠니까 먼저 편하게 하겠다는 꼰대스러운 멘트 없이(보통 저렇게 말하는 게 더 불편하다.) 내가 먼저 말을 놓자 자연스럽게 반말로 받아쳤다.(사실 그럴 의도로 말을 놓은 건 아니고 그냥 말이 한번 짧게 나갔을 뿐이었는데.)

"그러면 지금은 직장인?"

"응, 회사 다녀. 마케팅 일하고 있어."

마케팅 부서에서 아시아 시장을 담당하고 있었다. 어쩐지 한국말을 잘하더라니. 회사 이야기가 나온 김에 러시아의 취업이나 직장 문화에 대해 물었다.(곧 월급의 노예로 돌아갈 예정이라 그랬는지 문득 궁금했다.) 우선 자신이 하고 있는 마케팅 쪽은 취업이 어렵단다. 반면에 공학 분야는 상대적으로 쉽단다. 그러더니 나에게 러시아 해외취업을 제안했다. 정말로 진지하게.

"음⋯. 야근 없으면 갈게."

"에이, 그럼 오지 마. 러시아도 야근해."

야근은 우리나라만의 전매특허인 줄 알았건만 의외였다. 본인 역시 주 4회 정도 야근을 한단다.(물론 직장마다 케바케일테지만) 야근 얘기 때문인지 갑자기 머리를 움켜쥐었다. 그랬다. 모스크바에 도착하면 현지 기준 일요일 저녁. 직장인들이 월요일보다도 더 극혐 한다는 그 시간. 집으로 돌아갈 생각에 계속 밝았던 그녀의 얼굴에는 어느새 시커먼 그늘이 내려앉아 있었다. 회사 얘기 괜히 꺼냈나. 괜히 미안했다.

승무원들이 바빠졌다. 드디어 모스크바에 도착한 것이다. 승객들도 분주해졌다. 슬슬 랜딩 준비를 시작했다. 내일이 월요일인 건 싫지만 그래도 집에 왔다는 생각에 아나스타샤의 얼굴에도 다시 미소가 돌아왔다. 나는 조금 아쉬웠다. 장작 9시간 넘게 입을 털어 사실 특별히 더 할 말은 없었지만 내 첫 혼행의 첫 인연인데 밥 한 끼, 커피 한 잔도 못하고 헤어진다는 게 섭섭했다. 랜딩 준비를 하며 아나스타샤와의 헤어짐도 준비했다.

"러시아 말로 '잘 가'는 뭐야?"

"빠까(Пока)!"

"그럼 빠까!"

"빠까! 나중에 꼭 모스크바로 놀러 와~"

"알겠어! 우리 같이 사진 찍을래?"

"좋아!"

찰칵!

"고맙다는 말은 뭐니?"

"스파시바(Спасибо)!"

"스파시바!"

"나도 고마워~ 즐거운 여행해~"

　그날 이후 아나스타샤와는 연락을 할 수가 없었다. 사진 찍고 바로 내리느라 SNS를 팔로우하는 걸 깜빡한 것이다. 혹시나 싶어 '아나스타샤'로 검색해봤지만 서울에서 김서방 찾기. 모스크바에 아나스타샤가 많아도 너무너무너무 많았다. 결국 아나스타샤와의 추억은 지금도 화질 구린 핸드폰 전면 셀카 한 장으로 사골처럼 우려먹는 중이다.

#참을 인(忍)자 세 번 끝에 도착한 숙소

폴란드 여행을 준비하면서 '폴란드(가보고 싶은 나라 알수록 재미있는 나라)'라는 책을 읽었다. 업무차 2년간 폴란드 살이를 하게 된 저자가 폴란드에 살면서 경험하고 느낀 것을 기록한 책으로 폴란드 입문서로 딱이었다. 폴란드 관련 서적이 별로 없을뿐더러 그나마 있는 몇몇 여행 가이드북도 폴란드에 대한 내용은 많지 않아 대신 이 책을 챙겨왔다. 여행 전에도, 여행 중에도 쏠쏠하게 써먹었다. 가장 뇌리에 박힌 내용은 저자의 경험에 의하면 폴란드 사람들이 대체로 일처리가 느리다는 것이었다. 난 빨리빨리 문화를 추종하는 정도는 아니지만 그래도 엘리베이터에 닫힘 버튼 안 누르고는 못 배기는 한국 사람이다 보니 과연 여행하는 동안 인내심을 갖고 차분함을 잘 유지할 수 있을지 살짝 걱정이 됐다. 아니나 다를까, 폴란드에 도착했을 때 걱정은 현실로 다가왔다. 바르샤바 공항에서 수하물을 기다리던 중 사람들이 하나둘씩 짐을 챙겨 떠날 때마다 점점 초조함이 깊어졌다. 설마 뭐가 잘못된 건 아니겠지? 폴란드 사람들은 일처리가 늦다고 했으니 그저 내 짐이 유독 늦게 나오는 것뿐 일 거라 스스로를 진정, 아니 세뇌 시키며 최대한 긍정적인 마음으로 기다렸다.(이너 피~스.) 어느덧 함께 기다리던 사람들의 반 이상이 빠져나간 그때, 드디어 나의 보라색 24인치 캐리어가 나왔다. 컨베이어 벨트 속도가 내 기다림을 충족시켜 주지 못해 난 캐리어가 있는 곳으로 달려갔다. 그제야 안도의 한숨과 함께 초조했던 마음이 다시 설레기 시작했다. 하지만 이게 끝이 아니었다. 진짜 복병은 뒤에 있었다. 바로 입국 수속. 아니 입국 수속이 뭐 별건가? 얼굴 한 번 보고, 사진과 별반 다르지 않으면 여권에 도장 꽝! 찍어주면 그만인 것을. 혹 수상하다 싶으면 질문 몇 개 던지고 말이다. 아무리 생각해도 길어 봐야 10분이면 충분할 것 같은데 난 30분째 제자리였다. 혹시 내가 재수 없게 줄을 잘못 섰나 싶어 옆줄을 힐끔 쳐다봤지만 사정은 마찬가지. 대체 뭘 하고 있길래 앞으로 나아가지 못한단 말인가?! 뭐 마약이라도 나왔나? 아님 테러범이라도 잡혔나? 우유 없이 밤고구마를 먹는 것만큼이나 답답했다. 하…. 별 수 있나. 그래, 참자! 참아야지. 릴랙~스.

뭐 이렇게까지 조바심 낼 필요 있겠냐마는 나는 다 계획이 있었기 때문이다. 우선 바르샤바에서 바로 크라쿠프로 넘어갈 계획이었다. 공항에서 곧장 바르샤바 중앙역으로 가면 여유 있게 크라쿠프행 기차를 탈 수 있었다. 대략 30분 정도의 여유 시간이 있으니 덤으로 역 구경과 환전까지 생각했다. 하지만 입국 수속이 지체될수록 여유는 점점 사라졌다. 역 구경이야 안 하면 그만이지만 환전이 문제. 크라쿠프에 가서 당장 쓸 돈이 없었다. 크라쿠프에도 환전소가 있겠지만 알아본 바로는 바르샤바 중앙역만큼 인심이 후하지는 않았다. 게다가 크라쿠프 도착 시간이 자정을 넘긴 시각이라 환전소가 열려있을 리도 없고. 발만 동동 구르며 기다리던 끝에 드디어 내 차례가 왔다. 허무하게도 나의 입국 수속은 5분도 채 안 돼서 끝났다. 대체 앞에서는 왜 그렇게 오래 걸렸는지 궁금했지만 이런 거 저런 거 신경 쓸 겨를 없이 후다닥 공항을 빠져나왔다. 캐리어 바퀴가 빠져라 버스 정류장으로 달렸다. 목적지에 따라 티켓 가격이 다른데 상황이 급한 만큼 대충 적당히 비싼 걸로 샀다. 늦은 저녁시간이라 다행히 차는 막히지 않았다. 바르샤바 중앙역 버스 정류장에서 내리자마자 또 달렸다. 거리상 달리면 충분히 승산이 있었다. 비록 환전은 포기해야 했지만 그건 크라쿠프에 가서 어떻게든 해결하기로 하고 일단 기차를 타는 게 급선무였다. 백팩에 앞 가방, 캐리어까지 들고뛰니 겨울 날씨임에도 이마에 땀이 송골송골 맺혔다.

"하-악, 하-악, 크라쿠프, 성인 한 명이요."

"방금 전에 떠났고 막차 타셔야 돼요. 2시간 뒤 출발인데 타시겠어요? 막차라 가는 시간도 좀 더 오래 걸려요."

"아…. 혹시 지금 크라쿠프로 갈 수 있는 다른 방법이 있을까요?"

"지금으로선 막차 타는 게 가장 좋을 것 같네요."

"후…. 그럼 그걸로 주세요."

젖 먹던 힘까지 열심히 뛰었지만 기차 출발 시간에 딱 맞춰 매표소에 도착한 탓에 기차를 놓치고 말았다. 일처리는 늦는데 야속하게도 이런 건 또 칼같이 잘 지켰다. 한차례 승객들이 떠난 역사 안이 썰렁했다. 이제 두 시간을 뭘 하면서 때운담? 포기했던 환전이 생각났다. 대부분의 상점이 닫혀 있었지만 환전소는 아직 열려있었다. 차를 놓친 대신 환전이라도 할 수 있음에 감사했다. 어쨌든 고민거리 하나는 줄였으니. 환전을 마치고 2층 대합실로 올라왔다. 역사 안에는 나와 보안요원들뿐일 줄 알았는데 다들 여기 모여 있었다. 막차 동기들. 왠지 모를 위안이 됐다. 학창 시절 준비물을 안 챙기거나 숙제를 안 했을 때, 나 말고도 그런 친구가 또 있다는 걸 알았을 때의 위안이랄까? 한결 마음이 편해졌다. 콘센트가 있는 의자에 자리를 잡고 노트북을 켰다. 숙소에 예상 도착 시간보다 많이 늦을 것 같다고 미리 연락을 해둘 참이었다. 혹시나 늦게 갔다가 못 들어가거나 할 수 있을까 봐서. 전화가 안 되니 메일로 보냈는데 과연 바로 확인을 할지 안 할지는 복불복이었다. 일단 보내라도 놓자는 생각으로 메일을 보낸 지 몇 분후, 받은 편지함을 클릭해보니 답장이 와 있었다.

'우리 프런트는 24시간 항시 대기 중이야. 그러니까 걱정 말고 안전하게만 와~!' - from. 나탈리아 -

이제 막차 시간이 되기를 기다리는 수밖에. 참을 인(忍) 자를 또 한 번 새겼다.

의자에서 쪽잠을 자며 인고의 시간을 견딘 끝에 마침내 크라쿠프행 마지막 야간열차가 도착했다. 배도 고프고, 몸도 지치고, 잠도 왔지만 플랫폼에 대기하고 있는 기차를 보니 이제 정말 마지막이다. 저 기차만 타면 크라쿠프로 갈 수 있다는 생각에 한줄기 빛을 본 것처럼 다시 힘이 솟았다. 처음 타보는 외국 기차에 설레기도 했다. 겉은 KTX와 비슷하게 생겼는데 내부는 완전히 딴판. 영화 해리포터에서 봤던 호그와트행 기차가 생각났다. 영화 속 세트장에 온 기분이 들었다. 사람 한 명 지나갈 수 있을 법한 좁은 복도에 양옆으로 객실이 있었다. 지정석이 따로 없는 것 같기도 하고 어차피 막차라 사람이 없어 텅텅 비어 있을 테니 아무 객실이나 들어갔다. 이제부터는 다시 시간과의 싸움이었다. 바르샤바에서 크라쿠프는 서울에서 광주까지 가는 거리, 약 300km 정도였다. 본래 고속 열차로 2시간 반 정도가 걸리는데 내가 탄 막차는 이곳저곳을 들러 가는 경로라 예상 소요시간이 4시간이나 됐다. 시간과의 싸움에서는 알다시피 잠이 최고. 가방을 베개 삼아 취침모드로 들어갔다. 그렇게 얼마나 잤을까? 갑자기 눈이 떠졌

는데 바로 앞에 한 남자가 서 있었다. 화들짝 놀라 정신 차리고 보니 승무원이었다. 뭐지? 혹시 나 기차 잘 못 탄 거야? 크라쿠프로 가는 거 아닌가? 여긴 어디지? 혹시 나 불법 무임승차 처리되거나 한건 아니겠지? 벌금 물어야 되나? 어디 끌려가는 건 아니겠지? 그 짧은 순간에 온갖 부정적인 생각들이 머릿속을 덮쳤다. 일단 신분 증명과 무임승차는 아니라는 걸 확실하게 하기 위해 여권과 기차표를 내밀었다.

"아니, 그게 아니고요. 깊이 잠들면 위험해요. 짐을 도둑맞을 수도 있어요. 깊이 잠들지 마세요."

승무원의 주의 덕분에 감사하게도 더 이상 잠은 오지 않았지만 잠을 안 자니 할 게 없었다. 와이파이도 안 터져 핸드폰도 못하고 새벽이라 온통 새까매서 차창 밖 풍경도 볼 수 없었다. 뜬 눈으로 멍~하니 남은 시간을 보내야 했다. 그저 존버 만이 살길. 흠… 참아야지.

생애 최장시간 멍을 갱신했다. 지나고 나니 어떻게 멍 때리고 시간을 때웠는지 신기하기까지 했다. 아무튼 우여곡절 끝에 크라쿠프에 도착했다. 그동안의 여행 중 첫 여행지에 도착하기까지 가장 긴 여정이었다. 새벽 4시의 크라쿠프는 추적추적 비가 내리고 있었다. 캐리어에 우산이 있었지만 꺼내기 귀찮아 그냥 비를 맞으며 숙소로 향했다. 그만큼 모든 것이 귀찮았다. 얼른 두 다리 뻗고 누워 자고 싶은 마음뿐이었다. 숙소는 파티 호스텔이라는 이름에 걸맞게 새벽에도 지하가 소란했다. 한창 파티 중인 것 같았다. 내 인기척을 듣고 누군가 지하에서 올라왔다.

"왔구나! 난 나탈리아야. 비를 많이 맞았네. 따뜻한 거 좀 줄까?"

"아니, 괜찮아. 방 안내 좀 해줄래? 바로 자야겠어."

"그래, 많이 피곤해 보인다. 아무튼 무사히 와서 다행이야."

마음 같아서는 나도 당장 내려가 어울려 놀고 싶었지만(만약 제시간에 왔다면 그랬을 거다.) 지금은 파티고 뭐고 아무 생각도 들지 않았다. 오로지 자야 한다는 생각밖에는. 다들 파티룸에 있는지 내 방에는 아무도 없었다. 짐은 대충 구석에 박아두고 축축하게 젖은 옷도 안 갈아입은 채 바로 2층 침대로 올라갔다. 그대로 철퍼덕. 다시 눈을 떴을 때는 아침이었다.

#폴란드에서 만난 형제들

    폴란드 천년고도의 상징 바벨성 투어를 하는 날. 왕궁 가이드 투어를 마친 후 바벨 대성당으로 향했다. 바벨 대성당의 지그문트 종탑에 있는 지그문트 종의 추를 만지고 소원을 빌면 이루어진다는 전설이 있어 소원 하나 빌고 갈 참이었다. 마감시간이 거의 다 되어 도착하는 바람에 시간이 많지 않았다. 후다닥 올라가서 후다닥 소원을 빌고 내려와야 했다. 마음이 급해 계단을 두 칸씩 점프하며 뛰어 올라갔다. 지옥훈련이 따로 없었다. 후들후들 거리며 다리가 풀려갈 때쯤 지옥훈련은 끝이 났다. 꼭대기에 도착한 것이다. 바로 앞에 내 소원을 들어줄 지그문트 종이 있었다.

"와~ 식빵 열라 크네."

살면서 본 가장 큰 종이었다. 몸체 길이만 2.41m에 총 무게 12600kg. 종소리는 최대 30km까지 뻗어 나간단다. 감탄은 여기까지. 시간이 없으니 얼른 종의 추에 손을 대고 소원을 빌었다. 이렇게 힘들게 올라왔는데 안 들어주기만 해봐라! 내 소원은…? 비밀! 안알랴줌!

소원도 빌고 인증숏도 찍었겠다 할 거 다했으니 이제 그만 내려가려는데 두 명의 외국인이 올라왔다. 헉헉거리며 올라오자마자 한 친구는 추에 손을 대고 소원을 빌었고 다른 한 친구는 사진을 찍어줬다. 그리고 멤버체인지. 그 모습을 지켜보고 있자니 둘이 같이 사진을 찍어주고 싶었다.

"둘이 같이 찍어줄까?"

"오우! 고마워!"

찰칵! 찰칵! 핸드폰을 건네주자 나도 찍어주겠단다. 안 그래도 인증숏을 셀카로 남겨 조금 아쉬웠던 참이라 흔쾌히 핸드폰을 넘겼다. 찰칵! 찰칵!

"고마워!"

"어디서 왔어?"

"한국."

"오! 리얼리?"

대화의 물꼬를 트고 나니 자연스레 토크의 장이 열렸다. 한국에서 왔다는 말에 놀란 이유는 이 친구들이 한국을 특별하게 여기고 있었기 때문이다. 터키 사람인 두 친구는 터키와 한국은 형제의 나라라며, 그러니 우리도 형제라고 했다. 이어서 토크는 2002년으로 거슬러 올라갔다. 2002년 한일 월드컵 마지막 경기, 한국 대 터키 3·4위전. 비록 한국이 지기는 했지만 인상 깊었고 경기가 끝난 후 다 함께 어깨동무하고 인사하는 모습을 보며 다시 한 번 형제애를 느끼며 감동을 받았단다. 뭐!? 감동!? 솔직히 난 형제고 뭐고 축구를 진 기억 밖에 없어 순간 이 두 녀석이 얄밉게 보였다. 하지만 약 올리려고 하는 소리는 아니었기에 애써 속내는 드러내지 않고 맞장구를 쳐줬다.(그래, 참~ 감동이었지.)

"사실 우리 일행이 둘 더 있어. 혹시 특별한 일정 없으면 우리랑 같이 다닐래?"

내 여생(여행 생애)에 일생일대의 제안이었다. 늘 꿈꾸었던 여행지에서 만난 외국인 친구와 함께 여행하기. 그 꿈을 드디어 이루게 됐다.

"근데 너희들 이름이 뭐니?"

"난 압둘라라고 해.", "난 쌔미."

"난 의민이야. 반가워!^^"

#터.친.소(터키 친구들을 소개합니다)

바벨대성당 입구 앞에서 압둘라와 쌔미의 일행인 두 친구가 기다리고 있었다. 완전체가 된 터키 친구들은 자기들끼리 터키 말로 뭐라 뭐라 하더니 압둘라가 나를 소개했다.

"이쪽은 한국에서 온 의민. 여기는 이스마, 여기는 오스만"

"안녕! 반가워!", "반가워!"

4명의 터키 친구들은 경영 학도였다. 교환 학생으로 폴란드 우쯔에 있는 대학에 다니고 있었다. 방학을 맞이해 여행 중이었는데 폴란드 수도인 바르샤바에 갔다가 별로 볼 게 없는 것 같아 크라쿠프로 넘어왔단다. 더 많은 이야기는 함께 여행하며 하기로 하고 압둘라의 리드 하에 우리는 크라쿠프 중앙시장 광장으로 출발했다.

크라쿠프 거리에는 큰 도넛 모양의 빵을 파는 리어카 노점들이 많았는데 이스마가 저 빵을 먹어 봤는지 물었다. 안 먹어봤다고 하자 대뜸 빵을 사주겠다며 나를 노점상 앞으로 데리고 갔다.

"아니야~ 정말 괜찮아~"

"이 빵 터키에서도 많이 파는 빵이야. 너한테 꼭 맛보여 주고 싶어."

이게 뭐라고, 당황스러울 정도로 강경한 이스마의 의지를 도저히 꺾을 수 없을 것 같아 돈이라도 내가 내려고 주머니 속 잔돈을 긁어모았다. 그런데 그마저 선수를 쳤다.

"내가 냈어."

+한국 문화와 사진을 좋아하는 이스마

22살. 꽃다운 나이만큼이나 꽃처럼 선명한 이목구비를 가진 이스마는 과거 한양대학교에서 4개월간 공부한 적이 있어 한국어를 조금 할 줄 알았다.(유일하게 한국말로 티키타카가 가능한 친구였다.) 한국 문화를 좋아했는데 특히 이승기가 나온 드라마를 다 챙겨 볼 정도로 이승기 찐팬이었다. 보통의 대학생들처럼 인증숏 찍는 걸 즐겼다. 나에게 여행하면서 찍은 수십 장의 사진들을 보여주었는데 모두 쌔미가 찍어준 사진들이었다. 이 모습을 본 쌔미는 자기 사진보다 이스마 사진이 더 많다며 투덜거렸다는.

이스마가 사준 이름 모를 길거리 빵의 맛은 담백하면서 고소했다. 우리나라 믹스 커피와 함께 하면 참 잘 어울릴 맛이었다. 심심해도 자꾸만 손이 가는 건빵처럼 계속 손이 갔지만 저녁을 위해 반만 먹고 반은 남겨두었다.

중앙시장 광장에 도착해 저녁 메뉴를 고르려는데 서로의 취향을 몰라 본의 아니게 광장 한복판에서 열띤 회의가 열렸다. 얘기가 길어지자 쌔미가 주머니에서 무언가를 쓱 꺼내들었다. 담배였다. 그런 쌔미를 보자 이스마는 적당히 피라며 걱정 같은 핀잔을 줬다. 저러다 싸우는 거 아닌가 조마조마했지만 압둘라가 말하길, 저 둘은 원래 저렇단다. 저래놓고 이스마는 또 사진 찍어달라 할 거고, 쌔미도 군말 없이 잘 찍어줄 거라고. 티격태격하면서도 해달라는 건 다 해주는, 그야말로 정말 찐친이었다.

+뮤지션이자 애연가, 쌔미

틈만 나면 담배를 꺼내고 틈만 나면 흥얼거렸다. 나이도 제일 어린 것이.(실제 말로 꺼냈다면 완전 꼰대 소리 들었을거다. 터키에도 꼰대가 있는지는 모르겠지만.) 21살인 쌔미는 기타리스트였다. 직업은 아니고 취미로.

우리들 중 유일한 흡연자이자 애연가였다. 이스마의 핀잔에도 굴하지 않
고 꿋꿋이 담배를 피우곤 했다. 담배 피울 때마다 핀잔을 주는 이스마가
얄미울 법도 한데 이스마의 인증샷 요구를 다 들어줄 만큼 심성이 착했다.
게다가 정도 많았다. 헤어지기 직전에 내게 자신의 애장품을 주었다. 기타
리스트에게는 자신의 손가락과 같을 기타 피크였다. 갑작스러운 애장품
공세에 나는 당장 아무것도 줄 게 없어 고마움과 미안함 사이에서 어정쩡
하게 몸 둘바를 몰라 하자 그냥 자기가 주고 싶어 주는 거라며 답례는 괜
찮으니 너무 마음 쓰지 말란다. 본래 눈물샘이 사하라 사막 한복판에 있
는 나이기에 비록 겉으로는 못 울었지만 마음으로는 정말 태평양 바다 같
은 눈물을 흘렸다.

  우리의 저녁 메뉴는 자피엔카로 정해졌다. 잘 구운 바게트 빵 위에 각종
야채, 고기, 치즈 등 취향에 맞게 토핑을 얹어 먹는 폴란드 전통음식. 쉽
게 말해 바게트 빵으로 만든 피자빵이다. 사실 한 끼 식사라기보다는 대
충 한 끼 때우기 좋은 간식에 가까웠다. 솔직히 난 레스토랑에 가서 제대

로 된 식사를 하고 싶었지만 돈 때문인지(어디까지나 내 피셜이다.) 친구들이 부담스러워하는 눈치였다. 마음 같아선 그런 거 걱정 말라며 내가 쿨하게 한턱 쏘고 싶었지만 나 역시 한낱 가난한 여행자인지라 쿨하게 자피엔카를 선택했다.

저녁을 먹은 후 크라쿠프 중앙시장 광장의 밤을 즐기다가 터키 친구들의 숙소로 향했다. 숙소 로비에서 차 한잔하며 아쉬운 헤어짐을 연장하기로 했다. 숙소로 돌아가는 길에 압둘라는 물을 사야 한다며 마트에 들렀다. 큰 생수 2통을 사 오더니 무심하게(오다 주웠다 느낌으로) 1통을 나에게 건넸다.

"나 주는 거야? 나도 숙소에 물 있는데."

"응, 알아. 그냥 주고 싶어서."

+세계 화폐 수집가, 압둘라

압둘라는 26살. 네 명의 친구들 중 가장 붙임성이 좋았다. 지그문트 종탑에서 나와 처음 대화를 했던 친구이기도 하다. 함께 다니자는 제안도 먼저 해주어 덕분에 다른 친구들과 함께 할 수 있게 되었다. 압둘라에게는 사람을 편하게 해주는 능력이 있었다. 어설프다 못해 안 쓰럽기까지 한 내 영어 농담에도 가장 성의 있는 리액션을 해주곤 했다. 내가 자기보다 어리게 보인다며 나의 외모를 부러워하기도 했다.(실제는 내가 7살이나 많았다는) 그런 압둘라에게 난 나중에 나이 들면 넌 그대로고 나만 늙을 거라며, 원래 아시아 사람들은 늙으면 한방에 훅 간다는 말로 위로를 해주었다.

자정이 다 돼서야 우리는 헤어졌다. 밤새도 끝나지 않을 만큼 할 이야기는 여전히 많았지만 다음 날 아침 일찍 여행 스케줄이 있어 이쯤에서 마무

리하기로 했다. 폴란드 이후 나의 다음 여행지는 이제 무조건 터키가 되었으니, 다음에는 이스탄불에서 만나자는 기약 없는 약속을 하고는 난생처음 해보는 어색한 서양식 인사(볼 키스)를 끝으로 친구들과는 작별을 했다. 아차, 생각해 보니 한 친구를 빼먹었다. 오스만. 딱 그런 친구였다. 조용하니 있는 듯 없는 듯 있는 친구.

+조용한 핸썸 보이, 오스만

압둘라와는 대학 친구였고 다른 친구들과는 폴란드에 와서 만났다는 오스만은 잘 생긴 조용한 친구였다. 말수가 적고 다른 사람들이 이끄는 대로 잘 이끌려 주는 친구였다. 하지만 그러면서도 본인 실속은 다 차렸다. 같이 걷다가 사진 찍고 싶은 것이 있으면 혼자 경로를 이탈해 찍고 오곤 했다. 그렇다 보니 종종 우리 시야에서 사라질 때가 있었다. 다 같이 사진을 찍을려 하면 꼭 저 멀리에서 뒤늦게 뛰어 오곤 했다. 숙소에서 이야기할 때도 갑자기 졸리다며 혼자 잠시 눈을 붙이기도 했다. 말수 적고 조용한 사람을 보고 흔히 내성적이라고 표현하는데 오스만은 내성적이라기보다는 자기만의 세계관이 확실한 친구였다.

터키 친구들과의 만남이 있었던 다음 날. 적어도 향후 1~2년 안에는 다시 보기 힘들 줄 알았던 친구들과 단 하루 만에 재회했다. 아우슈비츠 투어 시간이 겹쳐 잠깐 만날 수 있었다. 진짜 마지막 인사를 나누며 이번에는 정말로 헤어질 생각을 하니 그냥 보내기 아쉬웠다. 이스마는 빵을, 압둘라는 생수를, 쩨미는 기타 피크를, 오스만은…. 추억을. 나만 이것저것 받은 것 같아 어떻게든 나도 마음을 전하고 싶었다. 가방을 열어 당장에 가진 내 살림살이를 뒤져보니 펜 한 자루와 노트, 그리고 한국 돈이 보였다. 옳거니! 손 편지가 좋겠구나. 각자에게 손 편지를 썼다. 세계 화폐를 수집하는 압둘라에게는 특별히 노트가 아닌 한국 돈 천 원짜리에 써줬다. 근데 손 편지를 받은 친구들의 리액션이 또 날 감동시켰다. 감동을 주려다 되려 또 받아 버려 아무래도 이번 여행 이후 언제고 한번 이 친구들을 꼭 다시 만나러 가야겠다 결심했다. 여전히 폴란드에 있다면 폴란드로, 터키로 돌아갔다면 터키로. 아마도 다음 유럽 여행은 폴란드 아니면 터키가 될 듯싶다.

(아직도 이들 네 친구와는 가끔씩 SNS로 연락을 하며 서로 생존신고를 해오고 있다.)

역사책이 아닌 영화 '쉰들러 리스트(Schindler's List, 1993)'를 통해 처음 아우슈비츠 수용소의 존재를 알게 되었다. 영화를 본 사람이라면 알겠지만 영화만으로도 그때의 참혹한 현실을 충분히 느낄 수 있다. 역사를 근거로 최대한 실감 나게 묘사를 했다고는 하나 어쨌든 영화이기에 어쩔 수 없이 거를 건 거른 게 이 정도 일 텐데 실제는 어땠을까? 과연 두 눈 동그랗게 뜨고 볼 수는 있었을까?

"갔다가 너무 끔찍해서 끝까지 못 보고 돌아왔어.", "즐거운 여행은 아니었지만 의미가 있었어.", "나도 가려고 했는데 여기저기서 끔찍했다는 얘기 듣고 나니까 못 가겠더라."

블로그나 SNS의 후기도 그렇고 여행 중에 만난 친구들 얘기를 들어봐도 호불호가 갈렸다. 크라쿠프 여행을 준비하며 다른 곳은 몰라도 여기만은 꼭 가봐야지 하는 곳이 아우슈비츠였는데 정작 크라쿠프에 와서는 이런저런 걱정에 마음의 결정을 하지 못한 채 차일피일 미루고만 있었다. 그렇게 하루 이틀이 지나고 크라쿠프를 떠날 날이 다가오자 이제는 정말 결단을 내릴 때가 되었다는 생각이 강하게 밀려왔다. 아우슈비츠는 버리고 마음 편히 크라쿠프에서의 남은 여행을 즐기던가, 아니면 용기 내어 불편한 진실을 마주하던가. 문득 '과연 버린다고 마음이 편할까?' 하는 의구심이 들었다. 생각컨대 그럴 거 같지는 않았다. 집을 나설 때 집에다 뭔가를 두고 나온 것 같은, 택시 뭔가를 두고 내린 것 같은 찜찜함이 여행 내내 따라다닐 것만 같았다. 그럴 바엔 그냥 제대로 한번 보고 안 좋은 마음은 툴툴 털어낸 다음 깔끔하게 남은 여행을 하는 편이 나을 것 같았다. 바로 아우슈비츠 투어를 예약했다. 예약하고 나니 마음도 한결 편해졌다. 어쩌면 마음속에서는 이미 가는 걸로 정해져 있었나보다. 여기저기서 주워들은 썰들에 현혹되어 잠시 나 스스로의 목소리를 듣지 못했을 뿐.

  폴란드의 현 수도인 바르샤바에서 남서쪽으로 약 300km, 옛 수도인 크라쿠프에서 서쪽으로 약 70km. 그곳에 아우슈비츠 수용소가 있었다. 크라쿠프 중앙역에서 미니버스로 약 1시간 반을 달려 도착했다.
「Arbeit Macht Frei (노동이 그대를 자유케 하리라)」
  아우슈비츠 입구에 걸려있는 아우슈비츠 슬로건이다. 도대체 누구의 생각이었을까? 나치 독일에는 이처럼 말도 안 되는 생각을 가진 멍청이들밖에 없었을까? 자유는 인간의 기본 권리이거늘 노동에 대한 대가로 자유를 지불하다니. 더 화가 나는 사실은 이 슬로건조차도 그대로 이행되지 않았다는 것이다. 실제로 수용자들이 자유를 얻을 수 있었던 방법은 오로지 죽음뿐이었단다.
  "글자를 자세히 봐주세요. 이상한 점이 있지 않나요?"
  가이드님의 말이 끝나자마자 눈에 레이저를 켜고 슬로건을 뚫어져라 쳐다봤다. 'ARBEIT'에서 알파벳 B의 모양이 이상해 보였다. 내가 아는 B는 위가 날씬하고 아래가 뚱뚱한데 슬로건 속의 B는 그와 반대였다. 하지만 어쩌면 독일어식 표기일지도 모르니 괜히 손들고 말했다 망신 살 뻔칠까 싶어 가만히 있었는데 그게 정답이었다. 저 말은 거짓말이라고, 현실은 전혀 그렇지 않다는 의미로서 수용자들이 할 수 있었던 최대한의 비폭력 저항이었다고 한다. 저항이랍시고 할 수 있는 일이 고작 글자 하나 뒤집어 놓는 일이었다니, 수용자들에 대한 안타까움과 동시에 나치 독일에 대한 화가 치밀어 올랐다.

입구를 지나 수용소 안으로 들어왔다. 수용소의 분위기는 삭막 그 자체였다. 수용자들을 감시하기 위해 곳곳에 설치된 초소, 그 주변에 설치된 해골 그림의 지뢰밭 푯말, 그리고 2중 전기 철조망까지 웬만한 군부대보다도 더 폐쇄적이었다. 과연 이곳을 탈출한 사람이 있었을까? 아마 육신은 이곳에 두고 영혼만 탈출하지 않았을까 싶다. 각 수용소 건물은 박물관으로 운영되고 있었다. 안경, 신발, 자기 그릇 등 수용자의 물건들이 무덤처럼 쌓여 있었는데 관람하는 사람들의 입에서는 수시로 안타까움의 탄식이 흘러나왔다. 특히 가스실에서 죽은 사람들의 머리카락으로 짠 직물과 그 원료인 실제 머리카락을 모아둔 전시실에서는 너무 놀라 나머지 자기도 모르게 나온 비명에 급하게 입을 틀어막기도 했다. 평소 비위가 나쁘지 않은 편이지만 이것만큼은 나도 차마 보기가 힘들어 스치듯 힐끔 보고는 얼른 고개를 돌리고는 도망치듯 전시실을 빠져나왔다.

아우슈비츠 투어의 마지막 코스는 가스실이었다. 사실상 대학살이 일어난 참혹한 현장. 1945년 전후로 총 약 600만 명의 유대인들이 이곳에서 죽임을 당했다. 잔인한 과정이었다. 목욕을 시켜준다는 거짓 핑계로 옷을 벗겨 500명이나 되는 사람을 한 방에 들여보냈다. 그러고는 치클론B라는 독가스를 투입했다. 발 디딜 틈 없이 빽빽한 공간 속에서 쓰러질 수도, 발버둥 칠 수도 없이 사람들은 죽어나갔다. 이런 가스실이 총 4개가 있었다고 하니 한 번에 2,000명씩 희생된 셈이었다. 실제로 본 가스실은 100명은커녕 50명도 못 들어갈 만큼 좁았다. 천장에는 치클론B가 뿜어져 나왔던 구멍이 고스란히 남아있었다. 또한 벽에는 고통 속에 절규와 몸부림을 쳤을 사람들의 손톱자국도 선명했다. 얼마나 세게 긁었으면 단단한 돌로 된 벽에 손톱자국이 다 남았을까? 상상만 해도 머리카락이 쭈뼛 섰다. 희생자들은 죽어서도 편치 못했다. 화장되기 전 앞서 전시실에 보았던 직물을 만들기 위해 머리카락을 채취 당했고 자원 재활용이라는 어처구니없는(사람이 자원인가?!) 명목으로 금이빨이 뽑혔다. 화장 후 재가 되어서는 비료로 사용되거나 하천이나 연못에 버려졌다고 한다.

아우슈비츠 투어가 끝난 후 이어서 제2수용소인 비르케나우로 이동했다. 아우슈비츠에서 3km 떨어진 이곳은 사실상 집단 학살의 본부 격으로 약 80만 명의 유대인들이 목숨을 잃은 곳이다. 전 세계 많은 사람들이 다크 투어리즘이라는 명목으로 아우슈비츠를 찾아오고 있었다. 하지만 폴란드 정부는 이를 마냥 좋아하지만은 않는단다. 아픈 역사를 흥미로 바라보는 시선이 불편하거니와 폴란드가 어두운 이미지로 기억되는 걸 원하지 않기 때문이다. 하지만 그럼에도 다크 투어리즘은 계속되어야 한다. 아우슈비츠의 역사는 과거가 되었지만 희생자들의 가족과 후세들의 고통은 아

직 현재 진행형이기 때문이다. 비르케나우에 도착했을 때 마침 희생자 추모비에서 이스라엘 국기를 걸친 한 무리의 젊은이들이 추모행사를 진행하고 있었다. 나도 잠시 걸음을 멈추고 그들 뒤에 서서 함께 고개를 숙였다.

Just look around 비엘리치카 소금광산

소금을 일컬어 바다의 보물이라고도 한다. 인류가 살아가는 데 있어 반드시 있어야 할 필수품으로 보물 같은 존재인데다 실제로 바다에서 나오니 바다의 보물이라는 말이 딱 맞다. 그런데 소금광산이라니!? 소금사막(볼리비아 우유니)까지는 들어봤어도 소금광산은 처음이었다. 바다가 아니라 산에서도 소금이 나온다고?! 문화충격이다.

비엘리치카 소금광산은 크라쿠프에서 버스를 타고 한 번에 갈 수 있어 아우슈비츠와 함께 관광객들이 많이 찾는 크라쿠프 근교 여행지다. 광산이라고 해서 등산할 채비를 단단히 하고 갔는데 위가 아닌 아래로만 쭉쭉 내려갔다. 무려 지하 64m까지.(심지어 이게 지하 1층이었다는) 또 한 번의 문화 충격을 받았다. 내 생애 지구의 핵과 가장 근접한 순간. 깊이도 깊인데 길이도 엄청났다. 총 300km. 소금으로 된 지하 동굴이 서울에서 광주까지 이어져 있는 셈이다. 유네스코 세계문화유산에 당당히 이름이 올려져 있는 데는 다 이유가 있었다.

8

나 혼자 유럽간다! 2

누가 바르샤바 별로래!?

크라쿠프에서의 마지막 날 밤, 고민에 빠졌다. 계획대로 바르샤바에 갈 것인가? vs 급계획을 바꿔 다른 도시로 갈 것인가? 크라쿠프에서 만난 터키 친구들을 물론 여행 중 만난 대부분의 친구들이 다 그랬기 때문이다. 바르샤바 별로라고. 계획대로 되지 않는 것이 여행이라는 게 나의 여행 모토지만 막상 목적지를 바꾸려 하니 내키지 않았다. 말로만 즉흥적이고 자유로운 방랑자였지 실상은 철저히 계획에 충실한 설계자였나 보다. 결국 다음 날 아침 난 예정대로 바르샤바행 기차표를 끊었다.

애초에 기대치가 많이 낮아진 탓이었을까? 바르샤바 여행은 기대 이상이었다. 꽃향기가 은은하게 퍼졌던 신세계 거리, 동화 속으로 들어온 것 같았던 구시가지와 잠코비 광장, 스탈린의 선물 문화과학궁전, 여유로웠던 와지엔키 공원 산책, 바르샤바의 아픈 역사가 담긴 바르샤바 봉기 박물관, 그리고 바르샤바 어디에서나 들렸던 쇼팽의 선율까지. 바르샤바를 충분히 즐기고 느끼기에 5일은 부족했다. 바르샤바 여행을 하는 내내 이런 생각이 들었다.

누가 바르샤바 별로래!?

#요상한 달리기

호스텔 근처 카페에서 우아하게 브런치를 먹고 바르샤바 구시가지로 향했다. 다른 도시로 이동하는 게 아니고서야 웬만하면 뚜벅이를 선호하는데 휴일인 만큼 남들보다 한 박자 빠르게 움직이는 차원에서 버스를 이용하기로 했다. 일요일 아침의 바르샤바는 고요하다 못해 적막했다. 아침 햇살만 있다 뿐이지 새벽 서너시에 나와 있는 것 같이 거리에는 개미 새끼 한 마리 보이지 않았다. 차 없는 거리이면서 사람 없는 거리였다. 상쾌한 아침이 아닌 쓸쓸한 아침을 만끽하며 버스정류장에 도착했다. 버스 정류장에서 처음으로 사람과 마주쳤다. 한 폴란드 청년이 버스를 기다리고 있었다. 몇 번 버스를 타야 할지 손가락으로 버스 노선도를 짚어가며 정독하고 있는 내게 청년이 말을 걸어왔다.

"여기는 앞으로 몇 시간 동안 버스가 오지 않을 거야. 하프 마라톤 대회가 있거든. 다른 정류장으로 가봐."

어쩐지 아침부터 거리 분위기가 유난히도 쌔~하다 했는데 다 이유가 있었다. 살면서 손에 땀을 쥐며 본 마라톤 경기는 1992년 바르셀로나 올림픽이 처음이자 마지막이었다. 마라톤 레전드의 레전드인(레전드가 이봉주라면 그보다 선배이니) 황영조 선수가 금메달을 땄던 그 대회. 나한테는 이 정도 급이라 해도 볼까 말까 한 게 마라톤인지라 일개 도시에서 열리는 하프 마라톤에는 그다지 흥미가 생기지 않았다. 버스가 안 온다 하니 이만 내 갈 길 가려는데 멀리서 마라톤 행렬의 선두가 보이기 시작했다. 그러자 어디 숨어 있다 나타났는지 버스정류장으로 구경꾼들이 하나둘씩 모여들었다. 1등 얼굴이나 한번 보고 갈까 싶어 잠시 발을 멈췄다. 그런데,

뭐지 저 사람들은? 얼핏 보면 흔한 마라톤 대회와 별반 다를 게 없어 보였지만 평범한 러너들 사이 독보적인 존재감을 뿜내는 러너들이 있었다. 초겨울 날씨임에도 상의 탈의를 하고 뛰는가 하면, 레깅스 위에 드레스나 치마를 덧입고 뛰었다. 이 정도는 애교. 곧 코스튬 행렬이 이어졌다. 죄수번호 4713의 탈옥수들, 배트맨 가면을 쓴 배트우먼, 상체만 헐크, 슈퍼맨 아닌 슈퍼우먼까지 DC(DC Comics)와 마블(Marvle)을 넘나드는 다양한 캐릭터들이 함께 달렸다. 여기까지도 양반이다. 적어도 이들은 사람이었으니까. 사람이 아닌 동물, 심지어 과일도 달렸다. 냥냥이와 댕댕이가 사람들 틈 사이 두 다리로 직립 러닝을 했고, 어쩌다 여기까지 휩쓸려 오게 되었는지는 알 수는 없지만 펭수 친구도 있었다. 땀에 절었는지 쭈글쭈글해진 바나나는 뛸 때마다 부러질 듯 휘청거렸다. 이 요상한 마라톤의 대미는 왕궁 기사단이 장식했다. 금색 투구와 방패, 창을 들고 전진하는 모습이 마치 영화 '300: 제국의 부활(300: Rise of an Empire, 2014)'에 나오는 전사들 같았다.(몇몇은 몸이 정말 300 이었다.)

결국 난 마라톤을 끝까지 보고야 말았다. 지금까지 이런 마라톤은 못 봤다. 이것은 마라톤이었나? 코스튬 패션쇼였나? 질문에 대한 답은 하루 여정을 마치고 돌아온 호스텔에서 얻을 수 있었다. 프런트에서 일하는 안나에게 아침에 보았던 마라톤 썰을 풀었다. 당연히 패션쇼는 아니고 마라톤인데 폴란드에서 가장 오래된, 이름하여 바르샤바 마라톤이었다. 매년 열리는 큰 마라톤을 우연찮게 보게 되었다니 이 정도면 나란 여행자는 꽤나 운이 좋구나 싶어 괜스레 어깨에 뽕이 솟았다. 내 궁금증은 이제 다 풀렸으니 이만 방으로 들어가 보려는데 자국 문화행사에 관심을 가지고 재밌어하는 외국인에게 더 많은 걸 알려주고 싶었는지 안나가 날 그냥 놓아주지 않았다.(하…. 피곤하다 1절만 하자.)

"폴란드 사람들은 달리기 좋아해. 폴란드에서 가장 인기 있는 운동 중 하나야.(블라블라블라~)"

휴일을 활동적으로 보내는 것을 좋아하는 폴란드 사람들이다 보니 주말이나 공휴일이면 공원에서 달리기를 많이들 한다고 한다. 폴란드에서는 달리기가 일종의 국민 스포츠인 셈이다. 내게도 달리기를 권했다. 햇살 좋은 날 와지엔키 공원 한 바퀴 돌고 오면 그렇게 좋다면서. 하지만 어떤 운동이든 복장과 장비를 제대로 갖추고 하는 편이다 보니(꼭 운동 못하는 애들이 장비만 찾는다.) 여행 중에는 할 수 없었다. 이제 알았으니 홋

날을 기약하기로 했다. 그땐 러닝화 한 켤레와 트레이닝 복, 아니 한복 한 벌 맞춰오련다. 한 손에는 태극기 휘날리며, 구호는 대한독립만세~! 독립운동 코스튬이다.

Just look around 문화과학궁전

대도시, 특히 수도에는 도시를 대표하는 랜드마크로서 마천루가 하나씩은 꼭 있다. 서울의 63빌딩? 은 너무 아재 감성이고 이제는 롯데타워, 두바이의 부르즈 할리파, 뉴욕의 엠파이어 스테이트 빌딩이 내가 아는 대표적인 마천루들이다. 폴란드의 수도 바르샤바에도 마천루가 있다. 바르샤바 중앙역을 나오면 단연 가장 먼저 눈에 띄는 스탈린 건축양식의 문화과학궁전이다. '스탈린의 피라미드', '러시아 케이크', '주사기', '우주로켓', '스탈린 대성당' 등 별명 부자다. 그런데 별명에서 어딘가 놀리는 것 같은 스멜이 느껴진다. 이유가 있다. 문화과학궁전은 구 소련 연방의 최고 권력자 이오시프 스탈린이 폴란드에 준 선물이기 때문이다. 당시 구 소련 연방이 폴란드와의 우정을 표현한답시고 지은 건물이었는데 폴란드 국민들에게는 그들의 침략을 상징하는 혐오시설일 뿐이었다고. 그런데 오히려 그래서 더 이곳을 이곳을 찾는 사람들도 있었단다. 그래야 문화과학궁전이 보이지 않는 바르샤바를 볼 수 있으니까. 에펠탑이 싫어 일부러 점심을 에펠탑 안의 식당에서 해결하곤 했다는 프랑스 소설가 모파상의 일화가 떠올랐다. 한 택시 기사님 말씀에 따르면 현재는 옛날만큼 혐오시설 취급을 받지는 않는단다. 시간이 흐르고 세대가 바뀌면서 문화과학궁전도 기능적으로나 인식적으로나 함께 바뀌었기 때문이다. 그 말을 대변하듯 실제 문화과학궁전을 찾았을 때 관광객뿐만 아니라 연인이나 가족 단위의 폴란드 로컬들도 많이 보였다. 전망대에 올라 바르샤바 전경을 감상했다. 아직

문화과학궁전에 마음을 열지 못한 폴란드 사람들에게는 미안하지만 여행
자로서는 문화과학궁전 안보다는 밖에서 보는 바르샤바가 휘~얼씬 좋았
다. 바르샤바는 역시 문화과학궁전이 보여야 제맛!

#혼밥 마스터

혼행을 하기 전의 나는 혼밥에 익숙하지 않았다. 어느 정도였냐 하면 혼밥의 가장 쪼렙이라 할 수 있는 패스트푸드점조차 힘겨웠다. 누군가 나를 안쓰럽게 쳐다보고 있는 것 같아 마음 편히 햄버거 한입 베어 물기 부담스러웠다. 햄버거 한 입에는 콜라 한 모금이 정석이지만 가능한 한 빨리 먹어 치워 이 부담스러운 상황에서 탈출하고자 콜라는 뒷전에 두고 우격다짐으로(입속에선 아직 저작운동이 한창인데도) 햄버거와 프렌치프라이를 계속 욱여넣곤 했다. 그러다 종종 사래도 들렸다. 잔뜩 남은 콜라는 남은 햄버거 마지막 조각과 함께 원샷으로 내 식도에 태워 내려보냈다.(정말 시도가 타는 느낌이다.) 코로 먹었는지 입으로 맡았는지 분간이 안 될 정도로 허겁지겁 해치웠지만 그래도 배는 불렀다. 차마 소화되지 못한 햄버거와 프렌치프라이가 식도에서부터 위장까지 얹혀 있어 든든했고 여전히 쌩쌩한 콜라의 탄산이 배를 빵빵하게 해주었으니까. 이랬던 내가 혼밥을 마스터해버렸다. 역시 사람은 적응의 동물, 닥치면 하게 되어 있다. 막상 혼밥에 익숙해지니 혼밥이 더 편했다. 혼자라 웨이팅이 긴 맛집을 가도 금세 자리가 생겼고 메뉴도 내 취향대로 고를 수 있었다. 누가 몇 개 먹었나, 벌써 다 먹은 건가 눈치게임을 하지 않아도 됐다.

바르샤바에서의 첫날, 숙소로 들어가는 길에 마음 쏙 드는 음식점을 하나 발견했다. 펍 분위기가 나는 레스토랑이었다. 빨간 배경에 하얀 글씨가 적힌 간판, 따뜻함이 느껴지는 노을빛 감성조명, 빨간색과 흰색이 교차된 체크 식탁보, 그리고 무엇보다 메뉴가 내 취향을 저격했다. 여행을 마치고 돌아오는 길에 언제 한번 들러야지 찜해두었는데 그 이후 매번 늦게 숙소로 돌아오는 바람에 항상 가지 못했다.(대개 '언제 한번'이라 하면 그 언제는 쉽게 찾아오지 않는다.) 이러다간 영영 가지 못할 것 같아 과감히 하루 저녁 일정을 이 레스토랑에 올인했다. 공교롭게도 시간을 낸 날이 주말 저녁이었다. 평소 평일에도 사람들이 바글바글했던 터라 아마도 웨이팅은 각오를 해야 할 것 같았다. 역시나 웨이팅이 입구 밖까지 삐져나와 있었다. 내가 맛집을 제대로 알아본 걸로 위안을 삼고 기다렸다. 창문 틈 사이를 비집고 들어오는 웃풍처럼 몸 구석구석을 파고드는 은근한 추위 속에서 오들오들 떨며 기다린 지 30분, 문을 열고 고개를 빼꼼히 내민 직원이 인원 체크를 했다.

"혹시 1인석도 괜찮을까요? 구석진 자리라 조금 좁기는 한데."

"저야 좋죠!"

혼밥의 장점이 제대로 발휘되는 순간. 앞에 두 팀을 제치고 먼저 들어갔다. 안내를 따라 도착한 자리는 정말 좁았다. 2인용 테이블이었지만 바깥쪽 의자는 치우고 벽 쪽 구석에 있는 의자만 두어 1인석으로 세팅되어 있었다. 생각보다도 더 좁은 자리에 순간 앉을까 말까 고민했지만 막상 앉아보니 아늑하고 좋았다. 상다리 부러질 만큼 시킬 것도 아니니 테이블 크기도 딱 적당해 바로 눌러 앉았다. 메뉴는 폴란드에 왔으니 당연히 폴란드 전통음식으로 시켰다. 우리나라의 족발과 93% 닮은 꼴인 내 사랑 골론카를 메인 디시로, 추위에 언 몸을 녹여줄 소내장으로 만든 전통 수프 플라키를 곁들이기로 했다. 아! 중요한 게 빠졌다. 맥주.

"익스큐즈미~ 맥주 500 플리즈~"

"우린 500은 없고 400이랑 1리터 있어요."

"그럼 1리터 주세요!"

습관처럼 500을 찾다가 없대서 잠시 당황했으나 어차피 500 두 잔은 마실 운명이었기에 그냥 1리터를 시켰다. 맥주 1리터는 한국에서 본 적이 없어 어떻게 나올지 궁금했다. 슬슬 목이 말라 올 때쯤 드디어 맥주가 나왔다. 두둥! 500과는 완전히 다른 스케일. 흔히 아는 500잔과 생긴 건 똑같은데 (당연한 얘기지만) 더 컸다. 거인들의 잔 같았다. 손잡이를 잡고 첫 모금을 마셔보려는데 부러질까 봐 나머지 한 손으로 잔을 떠받들었다. 허세 좀 보태서 자칫 잘못하면 한 손으로 들다가 손목이 나갈 것 같았다. 맥주 1리터의 위엄에 감탄하고 있는 사이 주문한 음식들이 차례로 나왔다. 먼저 골론카부터. 사실 폴란드에 온 이래로 1일 1골론카 중이었다. 골론카는 쉽게 말해 칼로 썰어 먹는 족발이다. 두툼하게 한 덩이가 나오니 슬라이스로 썰어 나오는 우리나라 족발보다 먹기는 불편할 수 있으나 보기에 훨씬 먹음직스럽고 썰어먹는 재미도 있었다. 맛은 딱 양념 족발 맛. 특히 이번 골론카는 스파이시 버전인데 역시나 익숙한 맛이었다. 바로 불족. 불족은 불족인데 1도 안 매운 불족이다. 한국 사람이라면 국을 빼놓을 수 없다. 자꾸만 골론카로 향하는 포크질을 잠깐 멈추고 숟가락을 들었다. 이번엔 플라키를 맛볼 차례. 소내장이라해서 약간 걱정이 있었다. 대개 내장이 들어간 음식은 호불호가 있는 경우가 있으니까. 우려했던 소내장은 국물에 완전히 녹아 있는 듯했다. 숟가락을 휘이 저어봐도 야채와 면밖에 보이지 않았다. 그래서인지 국물 맛이 짭짤하면서도 찐했다. 완전 소주각. 요거 한 그릇이면 최소 소주 3병 각이다.(1병밖에 못 마시는 주제에.)

식사가 다 끝나갈 무렵 서비스로 과일주가 나왔다. 체리 시럽을 넣어 만든 보드카였다. 크으~ 달콤하다가 상큼하다가 쌉싸름한 맛으로 마무~으리. 오늘도 1일 1혼밥에 성공했다. 그런데 계산을 마치고 나오면서 충격적인 사실 한 가지를 알게 됐다. 가게를 딱 봤을 때 온통 빨강빨강한 게 너무나 폴란드스러워서 당연히 폴란드 음식점일 거라 생각했는데 실상은 체코 음식점이었다.(생각해 보니 체코 국기에도 빨간색이 있다.) 결국에 내가 먹은 건 체코 음식점에서 파는 폴란드 음식이었던 셈이다. 살짝 어이가 없었지만 아무렴 어떠랴 맛있게 잘 먹었으면 그걸로 된 거다. 난 오늘 최고의 폴란드 전통음식을 먹었다.라고 스스로 위로했다.

먼지 한 톨 떠다니지 않을 것만 같은 맑은 공기에 찐파란 하늘, 여기에 햇살까지 따스하니 의욕을 잃었다. 빨빨거리며 여기저기 돌아다닐 의욕 말이다. 바르샤바 구시가지로 향하던 중 날씨에 무릎을 꿇어버렸다. 결국 구시가지 초입 잠코비 광장의 어느 펍 야외 테라스에 엉덩이를 붙이고 맥주를 시켰다. 테라스에 앉아 격하게 광합성을 하며 멍을 때렸다. 넓은 광장을 한가득 메우는 사람들의 재잘거리는 소리와 구슬픈 아코디언의 선율 속에 홀짝홀짝 맥주를 마시며 한껏 느슨해진 몸과 마음을 더 느슨하게 만들었다. 이 정도의 여유와 낭만이라면 꼭 구시가지에 가지 않아도 될 것 같았다. 물론 갈대와 같은 내 마음이 과연 언제 또 바뀔지는 모르겠지만 일단 뒷일은 생각 말고 지금 이 시간이 지루해질 때까지 계속 머물러 있기로 했다. 최소한의 들숨과 날숨으로 살아있음만 유지했고, 머릿속은 관장약을 먹고 난 후의 장처럼 말끔히 비워내 아무 생각이 없는 경지에 도달했다. 현재의 내 심박수와 뇌파를 측정해본다면 아마 눈을 뜬 채 유명을 달리한 사람처럼 나왔을지도. 그만큼 몸도 마음도 정적인 상태를 유지했다. 아주 편안했다. 이런 걸 흔히 행복이라 부르던가?

한 묘령의 여인이 다가오면서 행복은 깨져버렸다. 중세 시대에서 타임머신을 타고 온 듯한 폴란드 전통의상에 눈부신 햇살보다도 더 빛나는 금발 머리를 양 갈래로 따고서는 빨간색 머리띠를 한, 누가 봐도 전형적인 미인이었다. 부처가 아니고서야 어찌 이런 미인 앞에서 마음이 요동치지 않을 수 있겠는가? 정적이었던 내 마음에 순간 파동이 일었다.

"익스 큐즈 미~"

   보고만 있어도 설렘 설렘한데 나에게 말까지 걸어오다니, 이게 머선일
이고!? 그러면서 한 손에 들고 있던 피크닉 바구니 안에서 무언가를 꺼내
슥~ 내게 건넸다.

   "디스 이즈 포유."

   "오! 리얼리?"

   꽃이었다. 설마… 나 지금 헌팅 당하고 있는 거니? 이 꽃은 그러면 그린
라이트!? 몰랐다, 내가 폴란드 여자들의 이상형일 줄은. 한때(여자친구가
없던 시절) 여행지에서의 로맨스를 꿈꾼 적이 있다. 여행 중 우연히 만나
함께 여행을 하며 자연스럽게 정도 쌓고 추억도 쌓고, 떠날 땐 혼자였지
만 돌아올 땐 함께인 그런 여행. 나의 로망이었다. 하지만 여자친구가 있
는 지금은 로망조차도 용납될 수 없는 법!(혼자 여행을 온 것만으로도 큰
절 올릴 일이다. 그대의 너그러운 윤허에 다시 한번 감사드립니다!) 난 좋
으면서도 불편한 이 상황을 어떻게 하면 부드럽게 넘길 수 있을지, 어떻
게 말해야 최대한 상처받지 않게 거절할 수 있을지 열심히 짱구를 굴렸다.
역시 아무리 생각해 봐도 사랑 고백에는 정공법이 최고였다. 순간의 충격

은 클지라도 여운은 짧을 테니. 손바닥을 보이며 미안하지만 여자친구가 있다고 말하려는데,

"3즈워티에요."

아… 그런 거였구나. 뼛속까지 민망했다. 행여나 이 상황을 지켜보며 비웃고 있는 사람이 있을까 빛보다 빠른 속도로 주변을 살폈다. 다행히 여자와 나만의 비밀로 묻어둘 수 있을 것 같았다. 덕분에 거절하기는 쉬웠다. 속으로 연습했던 멘트보다 더 단호하게 거절했다. 그러자 여자는 내 말에 마침표가 찍히기도 전에 무섭게 등을 휙 돌리더니 바로 다른 타깃을 물색했다. 진득이처럼 질질 물고 늘어지지 않아 편하긴 했지만 한편으론 희한하게 섭섭하기도 했다. 애초에 내가 상상했던 그림은 이게 아니었으니까. 여자가 떠난 후 여운이 남은 쪽은 오히려 나였다. 민망함과 창피함의 여운이 온몸을 감쌌다. 더 이상 여기에 머무를 수가 없었다. 얼른 자리를 뜨고 싶었다. 잠시나마 나를 설레게 했던 (어쩌면 꽃향기였을지도 모를) 여인의 향기는 잠코비 광장에서의 추억으로 고이 담아 두고 다시 바르샤바 구시가지로 발걸음을 옮겼다.

꼬꼬마 시절 TV로 보는 만화에는 진심이었지만 종이로 보는 만화책에는 1도 관심이 없었다. 당시의 난 그냥 종이로 된 '책'이라는 이름이 들어간 모든 것을 싫어했다. 이런 내가 적어도 50번 이상은 보고 또 본 유일무이한 만화책이 하나 있다. 크으~(엄지척) 제목만 떠올려도 벌써부터 재밌는 이 희대의 역작은 바로 '드래곤볼(Dragon Ball)'이다. 드래곤볼은 주인공인 손오공을 중심으로 7개를 모으면 소원을 하나 들어준다는 드래곤볼을 찾아 여행을 떠나며 펼쳐지는 모험담을 그린 만화다.(이제 보니 드래곤볼도 따지고 보면 여행기였다. 어쩌면 난 이때부터 여행을 꿈꿨는지도.) 폴란드 여행 중에 뜬금없이 웬 드래곤볼 타령이냐고? 바르샤바 여행을 검색하던 중 보게 된 한 흥미로운 기사가 드래곤볼을 소환했다. 폴란드 하면 절대 빼놓을 수 없는 '피아노의 시인' 쇼팽. 그의 탄생 200주년을 기념해 바르샤바에 총 15개의 음악 벤치를 설치했다는 기사였다. 일명 쇼팽 벤치. 최고급 품질의 스웨덴 화강암으로 만든 벤치에 있는 Play 버튼을 누르면 쇼팽의 피아노곡이 흘러나온단다. 핸드폰으로 QR코드를 인식하면 곡도 다운로드할 수도 있다고 하니 몹시 궁금해졌다. 드래곤볼을 찾아 떠난 손오공의 심정으로 바르샤바에 있다는 15개의 쇼팽 벤치를 찾아 떠나기로 했다. 자, 그럼 어디서부터 가야 하나…. 호랑이를 잡으려면 당연히 호랑이 소굴로 가야 하는 법. 먼저 이름에서부터 대놓고 쇼팽이 들어가 있는 쇼팽 박물관으로 향했다.

쇼팽 박물관에는 쇼팽의 출생부터 사망까지, 쇼팽에 관한 모든 것이 있었다. 그가 사용했던 악기와 악보는 물론 가구, 가족사진, 자화상, 자필 편지 등이 전시되어 있어 피아니스트이자 작곡가 쇼팽으로서뿐만 아니라 한 사람으로서의 쇼팽이 어떤 삶을 살았는지를 들여다볼 수 있었다. 쇼팽은 천재적인 음악적 재능만큼이나 애국심도 강했는데 유명한 일화로 프랑스 파리에 음악 공부를 하러 갈 때도 폴란드의 흙을 가지고 갔다고 한다. 또한 프랑스 유학 당시 러시아의 지배를 받고 있던 폴란드의 독립운동을 위해 연주회를 통해 벌어들인 수입도 폴란드로 보냈단다. 폴란드 사람들이 바르샤바를 쇼팽의 도시라 하며 왜 이렇게까지 쇼팽을 극진히 사랑하고 자랑스러워하는지 이제야 알 것 같았다. 이것 말고도 그의 애국심이 가장 잘 드러난 일화가 또 있다. 죽기 직전 누이에게 남겼다는 유언이다.

「나의 몸은 프랑스 파리에 있지만, 나의 영혼은 조국 폴란드와 늘 함께했어. 내 심장을 폴란드에 묻어줘.」

누이는 쇼팽의 유언을 들어주지 못했다. 쇼팽이 사망하고 시신을 폴란드로 가져가려 했으나 러시아가 이를 거부했기 때문이다. 이에 쇼팽의 누

이는 몸을 가져갈 수 없다면 심장만이라도 가져가고자 쇼팽의 심장을 따로 빼내 알코올이 담긴 상자에 밀봉하여 러시아 출입국 관리 몰래 바르샤바로 가지고 들어왔다. 이처럼 우여곡절 끝에 고향에 돌아온 쇼팽의 심장은 현재 쇼팽이 유년시절에 뛰놀던 크라코프스키 프르제드미에치에 거리에(이름 한번 겁나 길고 어렵다.) 있는 성 십자가 성당에 안치되었다. 그나저나 이것 때문에 온 게 아닌데, 쇼팽 벤치를 찾으러 왔다가 쇼팽에 빠져버렸다.

쇼팽 박물관 안에는 쇼팽 벤치가 없었다. 그래도 명색이 쇼팽 박물관인데 여기에 없을까 싶어 박물관 밖으로 나와 주변을 둘러봤다. 박물관 뒤편으로 높은음자리표 동상이 있는 작은 공원이 보였다. 느낌이 빡! 왔다. 아니나 다를까 기사에서 봤던 그 벤치가 떡하니 있었다. Play 버튼을 누르고 벤치에 앉아 음악을 감상했다. 하나를 찾았으니 이제 다음은 어디로 가나…. 답은 정해져 있었다. 쇼팽이 심장이 있는 곳.

성 십자가 성당 안, 이 안 어딘가에 쇼팽의 심장이 묻혀있다고 했는데, 옳거니! 분명 저기다. 유독 사람들이 몰려있는 저 기둥. 기둥 주변에서 사람들이 인증샷을 찍고 있었다. 가까이 가보니 기둥에 쇼팽의 흉상이 있는 명패가 있고 그 아래 이렇게 쓰여있었다.

「HERE RESTS THE HEART OF FREDERICK CHOPIN (여기에 프레드릭 쇼팽의 심장이 쉬고 있다.)」

사람들은 기둥 앞에서 웃으며 사진을 찍었다. 하지만 나는 그러고 싶지 않았다. 쇼팽의 일대기를 보고 와서인지 안타깝고 짠했기 때문이다. 기둥만 카메라에 담아 조용히 성당을 나왔다. 성당 바로 앞에 반가운 녀석이 보였다. 두 번째로 찾은 쇼팽 벤치. 이번에도 역시 Play 버튼부터 눌렀다. 음악을 들으며 쳐진 마음을 추스르고 있는데 이제 보니 쇼팽 벤치 위에 그

려진 그림이 쇼팽 벤치가 설치된 지도였다. 나에게는 보물지도였다. 왜 여태 이걸 몰랐지? 하는 의문도 잠시, 이제 보물지도를 손에 넣었겠다 보물을 찾는 건 식은 죽 먹기나 다름없었다. 음악이 끝나고 이번에는 지도를 따라 힘차게 발걸음을 옮겼다.

8살의 쇼팽이 첫 피아노 공연을 가졌던 바르샤바 대통령궁 앞에서 하나, 이어서 왕의 루트를 타고 쭉~ 올라가 잠코비 광장에서도 하나를 찾았다. 지금까지 총 4개, 이제 11개 남았다. 하악하악. 날이 어두워지고 저녁때가 되면서 힘들고 배도 고파왔다. 저녁 먹고 마저 찾아갈까? 아니면 내일 다시 찾을까? 머릿속에서 천사와 악마가 싸우기 시작했다.

천사 왈 : 이왕 찾기 시작한 거 끝까지 찾아야지. 10개? 지도도 있으니까 이제 금방 찾을 거야!

악마 왈 : 됐어! 그냥 밥이나 먹고 숙소 가서 푹 쉬어~ 내일 다시 찾으면 되지.

보통은 천사보다는 악마가 속마음을 대변한다. 아무래도 내면의 난 쉬고 싶었나 보다. 엎치락뒤치락 거린 끝에 최종 승리자는 악마다.(권선징악이 아니라 죄송.) 마지막으로 숙소 가는 길에 있는 와지엔키 공원의 쇼팽

벤치만 찾아가기로 하고 나머지는 내일 다시 찾기로 했다. 그런데 역시 악마보단 천사의 말을 들어야 했다. 내일은 내일의 여행이 또 있었기에, 다음 날 다시 찾으러 가지 않았기 때문이다. 역시 쇠뿔은 단김에 빼야 한다. 찾지 못한 10개의 쇼팽 벤치는 나중에 다시 찾는 걸로. 바르샤바에 또 가야 할 이유가 생겼다.

Just look around 와지엔키 공원

폴란드 마지막 국왕의 여름 별장이었던 와지엔키 공원은 쇼팽 공원으로도 불린다. 공원 안에 쇼팽 기념비가 있기도 하고 무엇보다 매주 일요일이면 쇼팽 콘서트가 열리기 때문이다. 쇼팽 기념비 옆에 그랜드피아노를 놓고 피아니스트가 연주를 한다. 사람들은 기념비 주변 벤치나 잔디에 자리를 잡고 조용히 연주를 감상한다. 쇼팽 기념비가 있는 곳이 곧 야외 공연장인 셈. 입장료는 없다. 그저 엉덩이 붙일 돗자리 하나와(사실 이것도 필요 없다. 그냥 잔디에 앉아도 되니까.) 명당을 차지하기 위한 부지런함만 챙기면 콘서트 관람 준비 끝!(좋은 자리 선점을 위해서는 공연 시간 보다 20~30분은 일찍 가는 것이 좋다.) 아, 태양을 피할 데가 없으니 양산은 옵션이다.

여행을 하기 전에 여행을 가는 나라나 도시 이름으로 영화를 검색해보곤 한다. 그러면 그곳의 역사를 다루었다거나 그곳을 배경으로 하는 영화들이 줄줄이 검색된다. 개중에 관심이 가는 영화를 본다. 영화를 다 보고 나면 영화 속 역사에 관련된 현장이나 배경지는 자연스럽게 여행지 리스트에 추가된다. 블로그나 SNS에 찾을 수 있는 식상한 추천 여행지를 피하고 싶을 때 여행지를 찾는 나만의 방법이다.

크라쿠프에서 바르샤바로 이동하는 기차 안에서 전날 골라둔 영화 한 편을 봤다. '바르샤바 1944(Warsaw 44, 2014년)'라는 폴란드 영화였다. 1944년 여름, 나치 치하에 있던 폴란드 바르샤바에서 일어난 '바르샤바 봉기'를 주제로 한, 실화 바탕의 블록버스터다. 바르샤바 봉기는 제2차 세계 대전 당시 나치 독일에게서 해방되기 위해 폴란드 국내 군(반나치 저항군)이 일으킨 역사적인 사건이다. 일종의 독립운동이었던 셈이다. 결과는 아쉽게도 나치 독일의 승리로 끝이 났고 바르샤바는 사람이, 아니 그 어떤 생명체조차 살 수 없을 것만 같이 폐허가 돼버렸다. 영화는 이런 역사적 사실을 비교적 있는 그대로 그려냈다. 영화를 보면서 슬픔, 감동, 분노가 교차했는데 마지막에는 멘붕이 왔다. 마무리가 병맛이었기 때문이다. 아무튼, 바르샤바 봉기라는 역사를 수박 겉핥기로나마 배우기에는 충분한 영화였다.(갑분 영화 평론?)

영화를 봤으니 영화 속 역사의 현장을 찾아가는 건 나에게 당연한 수순. 그런데 난 이미 그 역사의 현장에 있는 거나 다름없었다. 따지고 보면 바르샤바 전체가 바르샤바 봉기의 역사 현장이기 때문이다. 제2차 세계 대

전 이후 폐허가 되었던 바르샤바를 장작 5년이라는 시간 동안 온 국민들이 힘을 모았다. 그 결과 그때 그 시절과 같은 지금의 바르샤바로 복원시켰다. 13세기부터 20세기까지 재건된 유적지 중 이처럼 완벽하게 재건된 경우는 세계에서도 유일무이한 사례라고 하니 과연 유네스코 세계문화유산에 선정될 만했다.(1980년) 바르샤바에 있다는 것만으로 바르샤바 봉기 역사 여행을 끝내기는 아쉬웠다. 다행히 이런 나의 아쉬움을 채워 줄 수 있는 공간이 있었으니 바르샤바 봉기를 기념하고, 추모하기 위해 세워진 바르샤바 봉기 박물관이다. 여유로운 관람을 위해 오픈 시간에 맞춰 일찍 왔건만 단체로 견학 온 학생들로 이미 입구는 전쟁터였다. 총 대신 인내를 장착하고 전쟁터로 뛰어들었다. 바글바글한 학생들 틈 사이에 끼어 몰아치는 파도에 떠밀리듯 박물관으로 들어갔다. 박물관 안도 사정은 마찬가지. 도떼기시장이 따로 없었다. 관람 경로가 화살표로 안내되어 있었

지만 화살표대로 따라가다가는 제대로 보기 어려울 것 같았다. 화살표 따위는 무시하고 일단 사람이 적은 곳부터 골라 다녔다. 바르샤바 봉기 박물관은 실제와 같이 시뮬레이션 해놓은 시청각 형태의 전시가 많았다. 버튼을 누르면 움직이거나 소리가 나오는 등 오감을 자극했다. 날아다니는 포탄 소리와 총소리에 마치 바르샤바 봉기가 일어난 현장에 서 있는 것 같은 긴장감이 밀려왔다.

바르샤바 봉기 박물관에서 가장 인상 깊었던 것은 'MIASTO RUIN(폐허의 도시)'이라는 제목의 3D 영상 상영관이다. 비행기를 타고 있는 1인칭 시점에서 폐허가 된 바르샤바 상공을 비행하는 영상을 보는 것인데 아수라장이라는 표현으로도 부족하게 느껴질 만큼 잿빛으로 변한 도시 위를 날아다니고 있으니 소름이 돋았다. 운석 충돌로 지구상 모든 생명체가 멸종해 멸망하기 일보 직전의 모습이 이렇지 않을까 싶을 만큼 참담했다. 10분이 채 안 되는 짧은 영상이었지만 상영을 마치고 나온 후에도 쉽게 여운이 가시지 않았다.

매년 8월 1일 오후 5시(바르샤바 봉기를 개시한 날짜와 시간)면 바르샤바에 사이렌이 울린다고 한다. 이때 바르샤바는 1분간 모든 것이 정지된다. 폴란드가 바르샤바 봉기를 기억하고 추모하는 방법이다. 문득 폴란드와 우리나라가 역사적으로 비슷한 점이 많다는 생각이 들었다. 아픔이 있는 과거와 그 아픔을 딛고 일어선 현재까지 우리들의 할머니와 할아버지 세대들의 희생과 노력이 없었다면 불가능했으리라. 새삼 애국심이 뿜뿜 솟았다. 한국에 돌아가면 꼭 독립기념관에 다시 가보련다.

도시 여행자의 대자연 휴양 여행

어쩌다 보니 도시 여행자가 되었다. 자연을 싫어하는 건 아니고 직장인이다 보니 장기보다는 단기 여행이 대부분인지라 짧은 기간에 최대한 많은 걸 즐기려다 보니 한곳에 머물러 즐기는 휴양보다는 여기저기 돌아다니는 관광을 더 선호했다. 그렇다고 휴양에 대한 욕구가 전혀 없는 것은 아니다. 달빛 별빛 쏟아지는 하늘 아래, 야외 수영장에서 팔과 다리는 물에 뜰 만큼만 최소한으로 파닥 파닥거리며 둥둥 떠다는 내 모습을 상상하곤 한다. 바다가 당기는 여름과 따듯한 곳이 그리워지는 겨울이면 유독 더 생각이 난다. 그럴 때마다 나는 내 상상으로 만든 나만의 파라다이스에서 휴양을 즐겼다.

매년 꾸준히 상상 휴양을 즐겨왔더니만 '월터의 상상은 현실이 된다(The Secret Life of Walter Mitty, 2013년)'는 영화 제목처럼 내게도 상상이 현실이 되는 일이 벌어졌다.

"안녕하세요~ 필리핀 원정대에 선발되셨어요. 축하드립니다."

"정말요?! 저 갈 수 있습니다! 연차 쓰면 돼요! 무조건 참여할게요!"

한 여행 매거진의 원정대 이벤트 당첨된 것. 총 8명의 원정대원 중 한 명으로 발탁됐다. 여행 매거진 소속 여행기자님 두 분과 함께 나를 포함한 8명의 필리핀 원정대는 한파가 한창인 1월에 필리핀 마닐라로 떠났다.

#역대 최장거리 여정

자정이 거의 다 된 시각, 필리핀의 수도 마닐라에 도착했다. 숙소에 짐을 풀기 전 4명의 원정대원들과 먼저 작별 인사를 나눴다. 필리핀에 오자마자 이게 웬 생이별인고 하니, 사실 이번 필리핀 원정대는 필리핀의 숨은 보석이라 불리는 일로코스와 필리핀 최후의 비경이라는 팔라완 두 지역으로 원정대원 4명씩 한 팀으로 나누어져 있었기 때문이다. 팀별로 여행기자님이 한 명씩 붙었다. 난 팔라완팀이었다. 여기서부터는 일로코스팀과 일정이 달랐다. 우리 팔라완팀은 숙소에 짐을 푼 지 2시간 만에 다시 마닐라를 떠나야 했다. 사실상 우리의 여정은 이제부터가 시작이었다.

마닐라에서 국내선을 타고 팔라완 중부 항구도시, 푸에르토 프린세사에 도착했다. 드디어 여정 끝! 여행 시작! 인가 싶었는데 공항 밖에서 미니버스 한 대가 시동을 켠 채 우리를 반기고 있는 것 아닌가? 믿고 싶지 않았지만 아직 여정은 끝난 게 아니었다.

"엘 니도까지는 이 버스 타고 육로로 5시간 정도 더 가야 해요."

뭣이라!? 다다다…. 다섯 시간!? 그것도 땅으로!? 승차감 제로인 이 미니버스 타고!? 순간적으로 던진 3개의 질문에 대한 답은 모두 YES. 우리의 진짜 여정은 정말로 이제부터가 '진짜' 시작인 셈이었다. 아니 대체 얼마나 대단한 곳이길래 이렇게까지 고생길을 자처하며 가야 한단 말인가?! 여행 출발 전 원정대원들에게 나누어준 필리핀 관광청 자료에 따르면 엘 니도는 팔라완 북부지역에 위치한 지자체로 트립어드바이저와 CNN이 아시아 최고의 비치로 선정했을 만큼 청정자연 그대로를 잘 보존하고 있는 곳이었다. 무엇보다 다이빙과 스노클링 같은 액티비티를 즐기기에 최적의 스폿. 세부, 보라카이, 보홀에 비해 잘 알려지지는 않았지만 다이빙 좀 해봤다는 다이버들에게는 성지로 꼽힌다고. 덜컹거리는 버스 안에서 조그만 글씨를 계속 읽고 있자니 눈이 아파왔다. 잠시 자료를 손에 놓고 창문을 내다보니 어딘지 알 수 없는 시골길을 달리고 있었다. 얼마를 더 가야 하나 싶어 시계를 보니 푸에르토 프린세사 공항을 출발한 지 이제 고작 2시간이 지나있었다. 그렇다면 이제 남은 시간은 3시간. 아직 반도 못 왔다는 절망감에 한숨이 절로 나왔다. 자는 게 시간을 제일 빨리 보낼 수 있는 방법일 것 같아 질끈 눈을 감았다.

끝나지 않을 것만 같던 여정이었지만 결국 끝이 났다. 엘 니도에 도착한 것이다. 남은 3시간 동안 사실 내내 버스에서만 있지는 않았다. 중간에 밥도 먹고 휴식도 취할 겸 이곳저곳을 들렀다. 순수 이동 시간만 5시간이었지 거의 7시간이 걸렸다. 명절날 민족 대이동을 겪은 것 같이 진이 다 빠졌다.

"이제 여기서 배 타고 라겐 아일랜드로 들어갈 거예요."

네!? 어째 거짓말에 계속 당하는 기분이 들었다.(어디선가 사기꾼의 향기가…) 끝날 때까지 끝난 게 아니라는 말은 이럴 때 쓰는 거구나. 그나마 위안이 되는 건 배가 금방 도착했다는 것. 본의 아니게 자꾸 나도 거짓말하는 것 같아 미안하지만 이제 정말! 마지막 여정을 위해 방카(Bangka: 필리핀 전통배)에 몸을 실었다.

넘실거리는 파도에 흔들흔들, 강한 바닷바람을 이겨내며 달린지 40여분 만에(이것도 그리 짧은 여정은 아니었다는) 멀리 라겐 아일랜드가 눈에 들어오기 시작했다. 정말 구석진 곳에 있었다. 세모 뾰족한 회색 지붕들이 촘촘히 박혀있는 게 꼭 원주민 마을 같았다. 초록 잎이 무성한 숲과 높은 기암절벽이 뒤에서 마을을 감싸듯 안고 있는 것처럼 보였다. 세상에 알려지지 않은 신대륙이 있다면 아마 이곳이 아닐는지. 다 와서야 드는 생각이지만 이 정도로 오기 힘들다면야 정말 사람의 손을 탈 일이 없었겠구나 싶었다. 그만큼 날 것의 자연이 그대로 보존되어 있다는 말일 테니 과연 어떤 자연이 우리를 맞아줄지 기대가 됐다. 그리고 지겹도록 끝나지 않던 인생 역대 최장거리 여정은 이제 정말 정말 정말 끝이 났다. 만세~!

보통 여행을 가면 충분히 밤을 즐기면서 더 이상 눈꺼풀이 버틸 수 없을 때까지 버티고 버티다 자곤 하는데, 역대급 최장거리 여정으로 인해 쌓인 피로 때문인지 평소보다도 더 일찍 잠자리에 들었다. 이대로 여행 첫날을 끝내는 게 아쉬웠지만 다음 날부터 시작될 본격적인 여행을 위해, 대(여행)를 위해 소(술)를 포기하는 전략적 일보 후퇴를 선택했다. 샤워를 마친 후 불을 끄고 바로 침대에 누웠다. 이제 고작 밤 10시. 한창 먹고 마실 시간 인데. 자꾸만 미련이 남았다. 몸은 피곤한데 마음은 안 자고 싶어 혹시나 잠에 못 들면 어쩌나 걱정이 됐다. 피곤해서 졸리기는 한데 잠 못 드는 것 만큼 고통스러운 고문이 또 없으니까. 그런데 다 쓸 데 없는 걱정이었다. 그저 눈 한 번 깜! 빡! 했을 뿐인데 깜깜했던 방이 바로 환하게 바뀌었기 때 문이다. 혹시 잔 게 꿈은 아니었나 싶을 만큼 너무 찰나였다. 더구나 자고 일어났다는 개운함 같은 게 전혀 느껴지지 않았다. 그렇다고 몸이 천근만 근이지는 않은 걸 보면 또 자기는 한 것 같았다. 살짝 열어둔 창문 커튼 사 이로 엘 니도의 아침햇살이 들어왔다. 적막하면서도 환한 게 뒹굴뒹굴하 기 딱 좋은 분위기였다. 걷어찬 이불을 다시 감쌌다. 부스럭~ 부스럭~ 방 안은 내 발가락 꼼지락거림에 맞춰 이불 부시럭거리는 소리만이 들렸다. 부스럭~ 부스럭~ 어라? 뭐지? 이번엔 발가락 꼼지락거리는 소리가 아니 었다. 난 움직이지 않았으니까. 잠시 후 또다시 부스럭~ 부스럭~ 처음에 는 밖에서 나는 소리거나 아니면 내가 잘못 들었겠거니 싶어 그냥 넘겼는 데 그다음 또 소리가 났을 땐 분명히 들었다. 그리고 확신할 수 있었다. 분 명 방 안에서 나는 소리라는걸. 일어나서 확인해봐야겠다 생각은 했지만 몸이 생각처럼 바로 움직여지지 않았다. 한창 게으름을 피우고 있던 터라 귀차니즘이 정신을 지배하고 있기도 했고 의문의 소리에 대한 실체를 가늠할 수 없어 살짝 무섭기도 했다. 일단 머리 위 핸드폰을 챙겼다. 그리고 방어 용도로 쓸만한 무기 같은 물건이 없나 찾았다. 마시다 남은 생수통뿐이었다. 일단 그거라도 집어 들었다. 침대를 내려와 방을 한 바퀴 빙 둘러봤다. 딱히 이상한 점이 보이지는 않았다. 화장실 쪽을 둘러보러 한 발자국 내딛는데 갑자기 파다다닥!

"으아아악~~~!"

반사적으로 뒷걸음질 치며 침대로 점프했다. 그 와중에 얼핏 녀석의 실루엣을 봤다. 작지만 날쌘 기다란 생명체. 다리는 4개, 꼬리도 있었다. 실루엣을 보고 나니 더 무서웠다. 정확히 뭔진 모르겠으나 너무 민첩해서 내가 감당할 수 없을 것 같았기 때문이다. 하지만 여기서 며칠을 묵어야 했기에 이대로 그냥 놔둘 수는 없었다. 어떻게든 놈을 쫓아내야 했다. 다시 2차전 돌입. 일단 놈의 마지막으로 모습을 감춘 곳으로 다가갔다. 자세는 최대한 낮게, 물통을 몽둥이 삼아 앞세워 슬금슬금. 그러자 순간 또 파다다닥! 하며 이번엔 쓰레기통이 쓰러졌다.

"아아아악~~~!"

앞세운 몽둥이가 뻘쭘하게 어느새 난 침대 위에 있었다. 다시 숨을 고르고 쓰러진 쓰레기통으로 다가갔다. 이번엔 별다른 움직임은 없어 보였다. 물통 주둥이를 이용해 넘어진 쓰레기통을 일으켜 세웠다. 빼꼼히 고개를 내밀어 쓰레기통 안을 살폈다. 드디어 놈과 제대로 안면을 텄다. 놈의 정체는 도마뱀. 얼핏 봤던 실루엣과 정확히 일치했다. 녀석은 쓰레기통 안에 있는 초코과자 봉지에 남은 초코를 먹고 있는 건지 내가 위에서 뚫어져라 쳐다보고 있는데도 꼼짝하지를 않았다. 막상 제대로 보니 내 중지 손가락

길이만 한 게 제법 귀여웠다. 원래는 녀석을 발견하는 즉시 때려눕혀 기절시킬 생각이었는데 이 상황에서 그러기에는 나 자신이 너무 잔인한 것 같았다.(사실 녀석이 너무 빨라 그렇게 하지도 못했겠지만.) 난 녀석이 빠져나오지 못하게 쓰레기통 뚜껑을 빠르게 꽉 막고 밖으로 들고 나왔다. 뚜껑을 열자 녀석은 후다닥 어디론가 사라졌다. 휴…. 이제야 한숨 돌렸다. 어떻게 방에 들어오게 되었는지는 모르겠지만 모든 게 해피엔딩(나도 녀석도 안 다쳤으니)으로 끝나 다행이었다. 청정 자연이 그대로 보존된 천혜의 자연이라더니, 거짓말이 아니었다. 숙소마저 이토록 자연 친화적일 줄은 몰랐다. 문단속 잘 하고 자야겠다.

#내 생애 첫 스노클링

내 나이 서른에 처음 수영을 배웠다. 삼십 년 동안 쌓아 둔 물놀이와의 벽이 그제야 허물어졌다. 해수욕장에 가면 수영복보다 먼저 챙기는 것이 튜브였던 '어른이'는 이제 스타일리시한 래시가드와 자외선을 막아줄(그보다는 폼으로) 선글라스를 먼저 챙기는 '어른'이 되었다. 뒤늦게 물맛을 알게 된 난 매년 여름 물맛도 모르고 보낸 지난 서른 번의 여름에 대한 억울함을 풀기 위해 바다나 수영장, 워터파크같이 물이 있는 곳이라면 어디든 찾아가 물놀이를 즐겼다. 그중에서도 가장 하고 싶었던 것은 스노클링이다. 우리나라에도 스노클링 스폿들이 많았지만 이런저런 이유로 번번이 하지 못했다. 그때마다 내년을 기약하곤 했는데 이번 필리핀 원정대에서 그 한을 풀 수 있게 됐다. 엘 니도 호핑투어를 통해서 말이다. 호핑투어는 호핑의 사전적 의미 그대로(hopping: 한 발로 깡충깡충 뛰다.) 필리핀 전통 보트인 방카를 타고 깡충깡충 뛰듯 이 섬, 저 섬을 이동해가며 각 섬을 둘러보며 액티비티를 즐기는 투어다. 첫 번째 섬인 미니락 아일랜드 초입에 다다랐을 때, 스노클링을 즐기고 있는 한 무리의 사람들이 보였다. 난 스노클링을 하러 왔다는 생각에 들뜬 나머지 배가 완전히 멈추기도 전에 자리에서 일어섰다.

"잠시만 기다려주세요~"

호핑투어 가이드이자 방카의 대장인 제이크가 웃으며 말했다. 씨익~ 웃는 그의 표정이 '이봐, 그 기분 잘 알겠는데 조금만 참아!'라고 말하는 것 같았다. 선착장에 완전히 정박한 후 제이크가 스노클링 장비를 준비하러 간 사이 우리는 사람들이 삼삼오오 모여 있던 선착장 끝으로 향했다. 뭔

재미난 구경거리라도 있나 싶어 사람들 틈 사이를 비집고 들어갔는데 사람들은 각자의 손에 네모 깍두기 같은 고깃덩이를 쥐고 있었다. 싱싱하고 두툼한 날생선의 살코기였다. 저걸 회처럼 그냥 먹는 건가 했는데 한 사람이 살코기를 바다로 휙 던졌다. 그러자 물밑 정체 모를 검은 형체들이 순식간에 살코기를 낚아챘다.

"Oh! WoW!"

사람들의 탄성을 자아낸 검은 형체는 '잭 피시'라 불리는 전갱이과 물고기였다. 이 친구들은 보통 미니락 아일랜드 앞바다에 살고 있는데 오랜 경험을 통해 같은 시간에 이곳을 찾는다고 한다. 미닐락 아일랜드에서의 스노클링이 특별한 이유가 여기에 있었다. 잭 피시와 함께 하는 스노클링. 한 덩치 하는 녀석들답게 딱히 사람을 무서워하지 않아 잭 피시들과 한데 어우러져 스노클링을 즐길 수 있었다. 마침 제이크가 양손 가득 스노클링

장비 꾸러미를 가지고 왔다.

"스노클링 해보신 분은 바로 착용하시고, 처음인 분은 잠깐 대기하세요."

처음인 난 먼저 장비 착용법과 주의해야 할 점들에 대한 교육을 받은 후 대열에 합류했다. 드디어 스노클링 시작! 입수 전 단체 인증숏 한 장 남기고 한 명씩 차례로 물에 들어갔다. 먼저 오리발을 낀 발을 담갔다. 뜨거운 필리핀 날씨 때문인지 생각보다 물이 차지 않았다. 과감히 바닷속으로 몸을 던졌다. 풍덩!

"으아악!"

입수하자마자 날 반겨준 건 신비로운 바닷속 세상이 아닌 혀 전체로 퍼지는 바다의 짠맛이었다. 호흡 밸브로 바닷물이 들어온 것이다. 순간 입으로 밸브를 꽉! 물고 있어야 한다던 제이크의 말이 떠올랐다. 재빨리 고개를 물 밖으로 내밀어 잠시 숨을 고른 후 켁! 켁! 헛기침을 하며 입안의 짠내를 털어냈다. 그리고 다시 입수. 이번엔 입단속 제대로 했다. 바닷속 세상이 이제야 눈에 들어왔다. 바닷속은 생각보다 분주했다. 이리저리 돌아다니는 물고기들과 물 흐름에 따라 하늘하늘 흔들리는 산호들까지 어느 것 하나 정적인 것이 없었다. 울퉁불퉁한 땅에 크고 작은 바위들, 산호와 물고기들이 어우러진 물밑 세상은 SF영화에서 봤던 지구 밖 다른 행성이었다. 울퉁불퉁 땅은 육지, 바위는 산, 산호는 나무, 공기 대신 물. 다른 것이 하나 있다면 이 행성 생명체들은 걸어 다니지 않고 공중을 헤엄쳐 다닌다는 것. 이토록 신비한 광경을 위에서 내려다보고 있으니 내가 마치 '바닷속'이라는 세상의 신이 된 것 같은 기분이 들었다. 모래 밑, 바위틈이나 산호 더미 안에 숨어있는 물고기들까지, 누가 뭘 하는지 다 보였다. 만약 우리 인간 세상에도 신이 있다면 아마 지금 이런 시선으로 우리를 보고 있지 않을까?

바닷속 신을 자청하며 천천히 유영하고 있는데 전방에 검은 형체가 나타났다. 잭 피시였다. 녀석을 가까이서 볼 수 있겠구나 싶어 녀석이 다가오는 방향으로 몸을 틀었다. 그런데 그때, 녀석이 갑자기 속력을 높여 내게 돌진했다.

'뭐야!? 왜 저러지 갑자기!??'

하얀 소복을 입은 귀신이 축지법으로 땅! 땅! 땅! 몇 걸음만에 다가오는 장면처럼 못생기고 커다란 시커먼 물체가 순식간에 내 눈 바로 앞까지 다가오자 무섭기도 하고 당황스러웠다. 꼭 나를 들이 받을 것만 같아 녀석을 피해 아래로 더 깊이 들어갔다. 그러자 입속에 다시 짠내가 들어왔다. 너무 깊이 들어간 나머지 호흡 튜브마저 잠겨버린 것. 닥치고 돌진한 잭 피시에 호흡곤란까지 겹치니 순간 멘탈은 아수라장이 됐다. 멘탈 회복을 위해 필요한 건 잠시 물 위로 올라가는 것뿐. 수직 상승을 위해 힘찬 발차기를 하려는데 발 바로 아래로 산호가 보였다.

"산호에 닿지 않도록 해야 해요. 날카로워서 다칠 수 있어요."

순간 제이크가 일러준 주의사항이 생각나 힘찬 도약을 위해 개구리처럼 한껏 움츠렸던 다리에 힘이 풀려 버렸다. 결국 뽀글뽀글 짠물 몇 모금 들이켜며 아등바등 개헤엄치 듯 올라왔다.

"컥! 컥! 후아~"

물 밖으로 고개를 내밀고 보니 주변에서 사람들이 잭 피시 피딩(먹이주기)을 하고 있었다. 아마도 누군가 던진 살코기가 내 근처로 떨어진 것 같았다. 누가 그랬는지는 알 수가 없어 일단 마스크를 벗고 피딩 중인 불특정 다수에게 눈으로 레이저를 쏘아댔다. '아, 거참 스노클링 하고 있는 사람 쪽으로는 던지지 맙시다!' 하지만 아무도 나 따위는 신경 쓰지 않았다는. 결국 나 혼자 씩씩거리며 분을 삭이고선 다시 스노클링을 계속했다.

　미니락 아일랜드에서의 스노클링을 마친 후 엔타룰라 아일랜드와 시미주 아일랜드에서 각각 2번의 호핑과 스노클링을 더 했다. 그래서 총 3섬 3스노클링 완료! 호핑투어에서는 무조건 1섬 1스노클링이다. 호핑투어를 끝내고 돌아가는 길에 우리나라의 바다 속도 문득 궁금해졌다. 나라마다 육지 세상이 다 다르듯 과연 바다 속도 나라마다 특색이 있을지, 다가오는 여름에는 꼭 우리나라의 바닷속도 구경해봐야겠다.

Just look around 스몰 라군 & 빅 라군

　엘 니도 호핑투어의 메인 스폿은 미니락 아일랜드 북쪽에 있는 스몰 라군과 빅 라군이다. 그중 스몰 라군은 수심이 깊지 않아 수상 액티비티를 즐기기에 제격. 대표적인 수상 액티비티는 단연 카약이다. 이름 그대로 라군 사이즈가 '스몰(Small)' 인지라 방카로는 안쪽까지 접근할 수가 없어 카약을 타고 들어가야 한다. 카약을 타고 스몰 라군으로 통하는 비공식 입구인 바위 틈 같은 통로를 지나면 시공간을 초월한 전혀 다른 세상이 펼쳐진다. 빙 둘러진 기암절벽들이 주변 소음을 차단해 바깥세상과 완전히 분리된 느낌이 들게 한다. 노 젓는 소리와 물을 가르는 소리 이외에는 아무것

도 들리지 않는다. 대화를 할 때면 왠지 나도 모르게 속삭이게 되고, 사진을 찍을 때면 카메라 셔터 소리도 신경 쓰게 된다.

빅 라군은 말 그대로 '빅(Big)' 하다. 사이즈가 큰 만큼 수심도 깊어 카약이나 스노클링 같은 액티비티는 초입까지만 가능하고 안쪽은 방카를 타고 들어가야 한다. 빅 라군은 스몰 라군에서와 같은 신비로운 느낌은 없는 대신 웅장하다. 스몰 라군과 마찬가지로 기암절벽들로 둘러싸여 있지만 공간이 워낙 넓다 보니 시원시원하다. 빅 라군은 본디 바닷속에 잠겨 있는 동굴이었는데 땅 밑에 있던 동굴이 융기되어 올라왔다가 천장이 내려앉으면서 지금처럼 뚜껑이 열린 라군이 된 것이라고. 또 한 가지 놀라운 사실은 지금도 조금씩 융기가 진행되고 있단다. 어쩌면 아주 오랜 시간이 지난 후의 빅 라군은 지금과는 또 다른 모습을 하고 있을지도 모를 일이다.

지혜의 친한 친구가 결혼을 했다. 결혼 후 친구는 바로 남편의 사업을 쫓아 베트남에 신혼살림을 차렸다.

"한국 자주 오고, 오면 연락해~!"

이후 지혜의 친구를 다시 만난 건 한국에서다. 마치 다시는 못 볼 것처럼 애틋한 이별을 했던 게 무색하리 만큼 꽤 자주 한국을 드나들었다.

"다음엔 니가 놀러 와~ 오빠랑 같이."

어느새 베트남 새댁이 된 친구는 하노이에 오면 가이드를 해주겠다며 헤어질 때마다 지혜와 나를 유혹했다. 우린 결국 그 유혹에 이끌려, 아니 실은 친구의 유혹을 핑계 삼아 우리의 사리사욕을 채우기로 했다. 한 잎, 두 잎, 만개했던 벚꽃이 지기 시작하고 뿌연 미세먼지가 활개를 치는 4월의 어느 날. 우리는 하노이로 떠났다.

#쌀국수는 이제 그만

"어유~ 오느라 고생했어! 배고프지? 일단 밥부터 먹으러 갑시다!"

"첫 끼는 역시 쌀국수인가?"

"에이~ 이 오빠 뭘 모르시네~ 요즘은 쌀국수보다 '요게' 대세에요."

"(끙…)"

베트남! 하면 쌀국수! 라는 수학의 정석 같은 공식을 호기롭게 내뱉었다 하노이 새댁에게 제대로 한방 먹었다. 현지 거주자가 말하는 '요거' 란 대체 뭘까? 혹시 고수 같은 강한 향신료가 팍팍 들어간 음식은 아닐는지 걱정 반 기대 반으로 따라갔다. 베트남은 처음이었지만 베트남 음식은 처음이 아니었다. 글로벌 시대에 맞춰 세계 각국의 다양한 음식들이 들어오면서 우리나라에서도 이제 베트남 음식점을 심심치 않게 볼 수 있기 때문이다. 철저히 여행자의 입장에서만 생각해 보면 이런 세계 음식의 대중화가 마냥 좋은 것만은 아닌 것 같다. 반드시 현지에 가야만 먹을 수 있는 음식들이 하나씩 없어진다면 여행 갔을 때의 먹는 즐거움과 설렘이 줄어드는 셈이니까. 벌떼 같은 오토바이 부대를 뚫으며 골목골목을 누빈 끝에 택시가 멈춘 곳은 호안끼엠 근처 어느 삼거리. 택시를 내리니 습한 공기와 함께 거리의 번잡함이 피부에 와닿았다. 이것이 하노이의 향기인가? 썩 기분 좋은 냄새는 아니었으나 그 속에 숨어있는 맛있는 냄새가 콧속을 파고들었다. 사람의 탈을 쓴 개코를 가진 난 단번에 찐한 육수의 향과 고기 굽는 냄새임을 직감했다. 코끝을 나침반 삼아 코가 이끄는 쪽으로 고개를 돌리니 작은 식당이 눈에 들어왔다.

"여기에요!"

　아니다 다를까 그곳이 하노이에서의 첫 끼를 책임져 줄 식당이었다. '분짜 흐엉 리엔'이라는 국수 전문점. 겉보기에는 굉장히 평범해 보이는 동네 식당 같은 분위기였다.

　"와~사람 많네! 여긴 뭐 맛집이야?"

　"분짜 맛집이에요. 요즘엔 쌀국수보다 분짜 더 많이 먹어요."

　분짜? 우리나라 베트남 식당에도 있었던가? 난 처음 듣는 음식이었다. 분짜가 뭘까 싶어 옆 테이블을 힐끔 훔쳐봤다. 테이블 위에는 고깃국, 국수 면발, 갖가지 채소와 양념, 그리고 튀김만두처럼 생긴 녀석들이 보였다. 국수는 보나 마나 쌀국수일 테고 그럼 저 튀김만두 같은 녀석이 분짜이리라!(거의 97.8% 확신했다.) 뭐 별거 없지 싶었다. 튀김만두야 분식집에서 떡볶이랑 항상 먹는 거였으니 말이다. 그 사이 우리가 주문한 분짜가 나왔다.

　"(튀김만두 같은 녀석을 집어 들며)요게 분짜 맞지?"

　"걘 넴 하이 산이라는 거고 국수랑 야채랑 국물에 넣어서 먹는 게 분짜예요."

"오빠, 여기 메뉴판에 다 나와있는데."

2.2%의 확률로 틀리게 될 줄이야. 벽에 붙어 있는 메뉴판에 아주 친절하게도 영어로도 또박또박 아주 잘 나와 있었다. 그리고 신기한 메뉴가 하나 있었다. 바로 오바마 콤보.

"이 오바마가 그 오바마?"

"맞아요! 그 오바마. 예전에 베트남 방문 때 와서 유명해진 곳이에요. 그래서 보통 '오바마 분짜'라고 해요."

"오빠, 벽에 오바마 사진 안 보여?"

벽 한쪽에 걸린 액자 안에서 오바마 전 미국 대통령이 국숫집 사장님과 함께 선홍빛 잇몸 만개한 미소를 짓고 있었다. 간혹 셀럽발로 유명해진 음식점들 중 (지극히 개인적인 경험에 의하면) 실상 맛은 그저 그런 곳이 종종 있다. 하지만 이곳은의 결코! 오바마발이 아니었다. 진한 고기 육수는 간이 약간 짭짤했지만 면과 야채를 넣어 먹을 걸 생각하면 적당했다. 숯불로 구운 고기에는 한국 사람이라면 누구나 사랑할 수밖에 없는 불맛이 입혀져 있었고, 달달하니 질기지도 않으면서 부드러웠다. 이렇게 내 입맛에 찰떡인 베트남 음식을 이제야 알게 되다니. 이제 쌀국수는 이만 바이바이~~~

#흥정의 민족

하노이 새댁의 퇴근 시간에 맞춰 하노이 최대 시장인 동 쑤언 시장을 찾았다. 시장에 가면 사람 사는 향기가 느껴져 좋다. 마음이 따뜻해지는 것 같은 느낌을 받곤 한다. 치열하게 사는 사람들의 모습에 나도 더 열심히 살아야겠구나 자극도 받을 수 있어 좋다. 여기에 현지 특산품과 기념품은 물론 현지 생활문화를 알 수 있는 다양한 것들을 한 공간에서 모두 접할 수 있으니 이보다 더 좋은 여행지는 없다. 때문에 어디를 가든 그 지역의 시장 한 군데는 꼭 가는 편이다. 동쑤언 시장에서는 주말이면 야시장이 열렸다. 관광객뿐만 아니라 현지 사람들까지 더해져 그야말로 축제 현장 같았다. 맛있는 길거리 간식 냄새가 내 코를 자극했고, 베트남 느낌 팍팍 나는 아기자기 액세서리들은 지혜의 눈과 감성을 자극했다. 지혜와 난 이왕 온 거 기념품 하나 골라 보기로 했다. 우리의 쇼핑을 하노이 새댁과 그녀의 남편이 돕겠다고 나섰다. 가격 흥정하려면 자신들이 필요할 거라며. 우리의 타깃은 한집 건너마다 흔히 볼 수 있는 과일 옷. 하노이 새댁 부부도 커플룩으로 맞춘 옷이 있다며 우리에게 강력 추천했다. 솔직히 난 과연 저 옷을 입고 어디를 돌아다닐 수 있을까 싶었는데 지혜는 재미있겠다며 전투적으로 마음에 드는 스타일을 찾기 시작했다. 가게 밖에 나와 있는 행거를 뒤적뒤적 거리기를 몇 차례, 파란색 바탕에 파인애플과 꽃이 섞인 옷이 간택됐다. 개중에 그나마 무난한 스타일이었다. 내 입장에서는 천.만.다.행. 가게 사장님께 고른 옷을 보여 드렸다. 이제는 하노이 새댁 부부가 나설 차례. 일단 초반 기싸움이 시작됐다. 선봉장은 하노이 새댁이었다.

하노이 새댁 : "!@#@^%$#^!$"

from 50.000 to over 150.000 VNĐ

Từ 50.000. Đến Hơn 150. 000. đ

가게 사장님 : "#$&^@%$"

알아들을 수 없는 외계어들이 오고 갔다. 지혜와 내가 알 수 있는 건 오롯이 억양과 추임새에서 나오는 분위기뿐. 아마도 1차 협상은 결렬인 듯했다. 그러자 곧장 후위대로 있던 하노이 새댁 남편이 투입됐다.

하노이 새댁 남편 : "@%#%$#"

가게 사장님 : "&%$&^%$&^%$"

하노이 새댁 남편 : "%$&^%&%"

전세가 완전히 넘어온 것은 아니지만 끝에 우리가 한마디를 더 한 것으로 보아 왠지 승기를 잡은 것 같았다. 애써 웃음 짓는 듯한 어색한 사장님의 미소도 우리의 승리가 가까워졌음을 암시했다. 이제는 지혜와 내가 나설 차례. 우리는 싸게 해줄까 말까 고민이 한창인 것 같은 사장님을 보며 '에잉~ 싸게 해주세요용~'이라고 말하는 듯한 표정을 지으며 쌍으로 미소를 날렸다.(내 미소는 썩쏘였을 것 같아 바로 후회했다.)

"OK! (우리를 가리키며)#@$%#@$@%$."

성공했다! 역시, 우리가 어떤 민족인가? 배달의 민족 못지않은 오랜 전통의 시장 문화로 단련된 흥정의 민족이기도 하지 않은가? 하노이 새댁 부부가 우리 민족의 능력을 한껏 발휘해 준 덕에 저렴한 가격으로 득템했다.

"근데 마지막에 우리한테는 뭐라고 말씀하신 거예요?"

"너네들이 예뻐서 싸게 주는 거래~"

사장님이 아주 센스가 있으셨다. 요런 게 바로 시장 쇼핑의 맛. 만족스러운 쇼핑에 가게를 나오며 한국말로 감사 인사를 드렸다.

"감사합니다! 많이 파세요~ 또 올… 거예요 아마 우리 말고 저 부부가."

(그들은 그 뒤로 진짜 또 갔다고 한다.)

#말 걸지 마라! 놔! 놓으라고!!!

쇼핑으로 출출해진 배를 채우기 위해 하노이의 힙지로, 따히엔 맥주거리에 왔다. 거리에 들어서자마자 익숙한 한국말이 여기저기서 쉴 새 없이 들려왔다. 호객꾼들이 벌떼처럼 들러붙기 시작했다.

"형! 여기 맛있어!", "누나! 여기야! 들어와!", "일로 와! 싸게 해 줄게!"

우리는 호갱이가 되지 않기 위해 아무런 대꾸 없이 최대한 신속하게 지나갔다. 로컬이나 다름없는 하노이 새댁 부부가 앞장서서 길을 뚫어 놓으면 지혜와 내가 그 뒤를 잽싸게 따라붙었다. 그들 부부와 우리 사이의 거리는 고작 한 발자국. 그 틈을 한 호객꾼이 파고들었다. 나를 형이라 부르며 작업을 시작했다. 물론 절대 넘어갈 리 없었다. 형이라니! 오빠라고 해도 넘어갈까 말까 할 판인데. '님'자를 붙이면 존댓말이라는 건 또 어떻게 알았는지 형으로는 안 되니까 이제는 형님이란다. 그게 더 기분이 나빴다. 어딜 봐서 내가 니 형님이냐! 이번엔 아예 못 들은 척했다. 그러자 갑자기 이두박근 없는 가느다란 내 팔을 한 손으로 콱! 움켜잡았다.

"싸요, 많이 줄게요!"

"(불쾌함에 순간 빡이 돌아)아C, 됐다고!"

한국말을 알아듣든 못 알아듣든 아마 내 표정에서 모든 걸 읽었으리라. 그제야 휙 돌아서더니 시크하게 돌아갔다. 마치 언제 내게 질척거린 적이 있었냐는 듯.(또 열 받는다.ㅂㄷㅂㄷ)

호객행위에 대한 내 생각은 소위 장사를 하시는 분들에게는 생계를 위해 어느 정도 필요한 부분이기에 어느 정도는 이해를 하려고 하는 편이다. 하지만 가끔 이렇게 도가 지나칠 때는 내가 느낀 불쾌함을 있는 그대로

표현하곤 한다. 두 번 세 번 물었는데, 두 번 세 번 거절했다면 확실하게 의사 표현을 한 것 아닌가? 그럼에도 계속 들이대면 내 의사가 무시당한 것 같은 기분이 든다. 뭐 좋다! 여기까지도 참을 인(忍) 자 세 번 정도는 충분히 새길 수 있다. 하지만 몸에 손을 대는 건 다른 차원의 문제다. 참을 인자 한 획 그을 새도 없이 입에서 거친 인사가 먼저 마중을 나올 수밖에 없다. 그나마 내가 양반이라 말이 먼저 나왔기 망정이지 성격 화끈하신 분에게 걸렸다면 아마…. (뒤는 상상에 맡긴다.)

"후…. 여기야, 여기 앉자!"

그래도 하노이 새댁 부부가 있었기에 이 정도 수준에서 그친 것 아닐까 싶었다. 만약 지혜와 나 단둘이었다면 오는 동안 여기저기 휘둘려 만신창이가 되어 있거나 아니면 분노를 참지 못해 씩씩거리고 있었을지도 모른다. 그만큼 지나오면서 느낀 따히엔 맥주거리의 호객행위는 거칠고 저돌적이었다. 한편으로는 또 그들에게는 그만큼 치열한 삶이겠다는 생각이 들었다. 어느새 다시 그들 편에서 생각하고 있는 걸 보니 시원한 맥주 한 잔에 마음이 금세 누그러졌나 보다. 역시 기분 안 좋을 땐 맥주가 최고다. 카아~스(광고 아님 주의!)

#몰래 온 청년의 최후

"여자들끼리 힐링 좀 하고 올게~ 오빠도 오빠만의 시간을 가져."

"뭐야 나만 냅두고…(앗싸! 자유다!!!)"

지혜와 하노이 새댁이 함께 마시지부터 뷰티까지 풀케어를 받으시러 가겠다고 하여 덕분에 난 남자들의 로망인 혼자만의 시간을 갖게 됐다. 이런 기회는 날이면 날마다 오는 게 아니다. 함께 여행 와서 따로 놀 생각을 하니 설레었다. 이게 바로 커플 여행의 베스트 코스?!(이놈의 주둥이야 작작 설쳐대라!) 흔히 남자들에게는 혼자만의 시간이 필요하다는 속설 같은 정설이 있다.(적어도 나를 포함한 내 주변은 대부분 그렇다.) 전문 용어로 '남자의 동굴'. 지혜가 날 위해 주는 여행 선물이라 생각하고 감사하는 마음으로 기꺼이 동굴 속으로 들어갔다.

호안끼엠 호수 북단의 작은 섬. 그 안에 지어진 응옥썬 사당으로 통하는 다리인 테훅교가 한순간에 도떼기시장처럼 붐비기 시작했다. 호안끼

엠 호수를 대표하는 사진 맛집 중 한 곳인지라 거의 항상 붐비기는 하지만 유난히도 더 붐비게 된 데는 패키지여행 군단이 한몫했다. 반갑게도 한국 사람들이었다.

"자~ 이따 나가기 전에 사진 찍을 시간 충분히 드릴 거니까 일단 한 줄로 저 따라오세요~"

어느 패키지여행이나 대열의 꼬리는 항상 주요 관심 대상. 한순간도 놓치기 싫은 아쉬운 마음에 사진을 찍으며 따라가는 사람들이 거의 이 꼬리를 차지한다.(내 이야기다.) 여행 가이드님은 다리 위에서 행여나 다른 여행자들의 민폐가 될까 싶어 선두에서 말미까지 내려와 한 분 한 분 다 챙기셨다.

"다리 건너시면 나오는 게 응옥썬 사당이라는 곳이에요. 저 앞에서 잠시 설명드리고 자유시간 드릴게요~"

난 마지못해 끌려가듯 걸어가는 꼬리 행렬에 은근슬쩍 따라붙었다. 사실 빨간색이 매력적인 테훅교에 이끌려 왔을 뿐 거기가 응옥썬 사당인지, 어떤 곳인지는 전혀 몰랐다.

"다 오셨나요? 이곳은 응옥썬 사당이라는 사원이고요~ (주저리주저리 ~)"

가이드님의 열정적인 설명이 끝나고 드디어 패키지여행자들이 가장 좋아하는 자유시간이 주어졌다.

"자~ 천천히 둘러보시고 아까 다리에서 사진 못 찍으신 분들도 찍으시고 20분 후에 이쪽으로 다시 모이실게요~"

"네에~~~!"

"그리고 그전에 저기 맨 뒤에 청년!"

순간 뜨거운 날씨에도 불구하고 온몸이 얼어붙었다. 대부분이 어머님, 아버님 뻘, 그리고 청소년쯤 돼 보이는 자녀들로 구성된 패키지여행팀이었기에 무리 중에 청년이라 불릴만한 사람은 오로지 나뿐이었기 때문이다.

"…저요?!"

"그럼 여기 청년이 자네 말고 누가 또 있나?!"

순간 사람들이 일제히 뒤를 돌아봤다. 모든 시선이 나를 향했다. 갑분싸.(갑자기 분위기 싸해짐.)

"여기도 있어요!", "하하하하하."

왠지 아재개그 만렙일 것 같은 부장님 포스의 한 아저씨가 나름 유머러스하게 받아쳐 주신 덕에 다행히 얼었던 분위기가 좀 풀어졌다. 하지만 이 순간에도 나는 웃을 수 없었다.

"자네 우리 팀 아닌 거 같은데, 뒤에서 다 들었지?"

"아…. 네…."

"에유~ 뭐 어때요~ 지나가다 들리면 다 같이 듣는 거지 뭐."

인자하고 푸근한 인상의 한 아주머니께서 감사하게도 내 편이 되어 주셨다.

"에이~ 그러면 안 되죠~ 요즘 같은 시대에. 지식이 돈인데."

아무래도 가이드님은 이 사태를 그냥 넘어가실 의향이 전혀 없으신 거 같았다. 일단 죄송하다고 먼저 사죄를 드려야 할 것 같기는 한데 당황한 나머지 선뜻 굳은 입술이 말을 듣지 않았다.

"각자 핸드폰 다 꺼내시고 이쪽으로 한 팀씩 서보세요."

그러고는 나를 불렀다.

"자네가 여기서 사진 좀 찍어드려."

"아! 네!"

"저분들 덕에 같이 들은 거니까 감사한 마음으로 예쁘게 잘 찍어드려요!"

"네! 알겠습니다!"

그제야 얼어붙었던 몸이 사르르 녹아내렸다. 응옥썬 사당에서 바라보는 호안끼엠 호수를 배경으로 난 그 어느 때보다 성심성의껏 사진을 찍었다.

"아이고~ 고마워요~ 덕분에 인생 사진 건졌네."

마지막 팀 촬영을 끝으로 가이드님과 유쾌하고 정 많은 패키지여행팀과 작별 인사를 했다. 비록 짧은 만남이었지만 천당과 지옥을 오고 간 기분. 사당에 와서 생각지도 못한 깨달음을 얻고 가게 됐다. 첫째, 세상에 공짜는 없다! 둘째, 사소한 것이라도 항상 감사한 마음으로 살자!

#기찻길에서 찍어야 할 것은 기차가 아니었다

어렸을 적 기찻길에 얽힌 추억 하나를 소환해 볼까 한다. 사실 내 추억이라기보다는 엄마만 가지고 있는 아찔한 기억이다. 기찻길 옆 오막살이는 아니고 주택살이를 하고 있던 시절 밖에서 놀고 있던 내가 저녁때가 다 되어도 들어오지 않자 날 찾으러 나오셨단다. 평소 내가 자주 놀던 곳으로 찾아갔는데 그곳에 없자 놀란 엄마는 내 이름을 부르며 온 동네방네 돌아다니셨다고 한다. 당시에는 이런 표현이 없었겠지만 완전 멘붕이었다고. 삼십분을 넘게 찾아 헤매다 경찰에 신고해야 하나 자포자기 상태로 돌아오던 중 집 근처에 있는 기찻길에서 애들 소리가 들리더란다. 달려가 봤더니 기찻길 옆 승강장 아래 빈 공간에서 내가 놀고 있었던 것. 본래 날 찾으면 한바탕 호되게 혼낼 생각이었지만 아무 일 없는 것만으로 감지덕지라 그냥 거기서 꺼내 바로 집으로 데려왔다는 아찔한 해피엔딩이다. 그때 왜 내가 기찻길에서 놀고 있었는지 나는 전혀 기억이 없다. 그냥 어릴 때부터 기찻길을 좋아했던 것 아닐까 하는 추측? 세 살 버릇 여든까지 간다고 어른이 되어서도 그 취향은 변하지 않았다. 버릇처럼 하노이에서도 기찻길을 찾았다. 하노이에서 가장 낙후된 지역으로 실제 주민들이 거주하고 있는 하노이 기찻길 마을은 관광객들로 가득했다. 쭉 뻗은 기찻길을 보니 속이 뻥! 뚫렸다. 일정한 모양과 간격의 나무판자들, 그 위 두 줄의 레일에서 간이역에 온 것 같은 레트로(Retro) 감성이 느껴졌다. 어릴 땐 몰랐는데 이래서 기찻길을 좋아하는 것 아닐까 하는 생각도 문득 들었다. 레일 사이에서 혹은 레일 위에 올라 사진을 찍는 일은 이곳에서 반드시 해야만 하는 일.(이건 분명 일이다.) 지혜가 이 포토존을 놓칠 리 없었다.

"잘 찍어줘야 해~(못 찍으면 알지?)"

"응…. (ㅎㄷㄷ)"

찰칵! 사진은…. 굳이 말하지 않아도 짐작하시는 대로다. 대부분의 남친
은 똥손이니까. 게이지가 약간 올라온 지혜를 살살 달래 가며 기찻길을 따
라 걸었다. 안쪽으로 들어가니 아기자기한 카페들이 나왔다. 빈민가에 카
페가 웬 말인가 싶겠지만 관광객들을 겨냥한 전략적인 위치 선정이었다.
카페 하나로 내내 레트로 감성이었던 기찻길에서 뉴트로(Newtro) 감성
이 느껴졌다.

"더운데 커피 한잔하면서 쉬었다 갈까?"

"(여전히 뾰로통)그래."

지혜의 게이지도 낮출 겸 쉬면서 뉴트로 감성을 즐겨보기로 했다. 주변
에 재밌는 풍경들이 많았다. 오토바이 천국답게 집집마다 오토바이가 있

었고 가장 눈에 많이 띈 건 집 앞이나 베란다 빨래봉에 널려있는 옷들.(속옷도 있었다. 므흣) 워낙 더운 나라다 보니 이보다 더 좋은 살균 건조기가 없어 보였다. 그러면 안 되지만 호기심에 데님 남방에 손을 데 보았다. 빠삭하게 잘 말라 입으면 뽀송할 것 같았다. 동네 구경은 이쯤 하고 다시 레일을 따라 걸어보려는데 주변 사람들이 술렁이기 시작했다. 그러고는 홍해가 갈라지듯 레일 양옆으로 이동했다. 좌우로 밀착! 한다는 이야기는 곧 기차가 지나갈 거라는 뜻. 꼴에 실제 기차가 지나가는 기찻길 한 번 가봤다고(태국 매끌렁 위험한 기찻길 시장에서) 으레 짐작할 수 있었다. 우리도 옆으로 붙어 곧 다가올 기차를 기다렸다.

"오~ 온다! 온다!", "오~ 근데 저 빨래들 다 치이는 거 아냐?!"

기차가 없을 땐 몰랐는데 기찻길 폭이 생각보다 좁았다. 누구의 집인지는 모르겠지만 실례를 무릅쓰고 집 벽으로 몸을 더 바짝 붙였다. 그리고 드디어 눈앞까지 다가왔다. 걱정했던 빨래들은 자로 잰 듯 건드리지 않고 유유히 통과했다. 지금이었다. 찰칵! 찰칵! 찰칵! 날이면 날마다 찾아오는 기차가 아니니 이 순간을 놓치지 않기 위해 필사적으로 기차를 찍었다. 이때는 몰랐다. 이렇게 필사적인 내 모습을 누군가 찍고 있었다는 사실을.

"헐⋯. 뭐냐⋯. 난 하나도 안 찍어주고."

"응? 기차 지나가니까, 기차 찍었지⋯. (뭐지 이 불길한 예감은?)"

"자, 봐! 참 열심히 찍더라.(흥! 칫! 뿡!)"

지혜의 카메라에는 기차를 찍는 한 남자의 치열한 모습이 담겨 있었다.

"이렇게 기차랑 같이 나오게 나도 찍어 줬어야지!!!(ㅂㄷㅂㄷ)"

"(역시 불길한 예감은 틀림이 없구나⋯.)아⋯. 미안⋯. 내가 기차에만 너무 정신이 팔렸네."

커피로 달래 놓은 지혜의 게이지가 도로아미타불이 됐다. 그 사이 기차

는 나 몰라라 줄행랑 치 듯 유유히 빠져나갔다. 기차의 뒷모습이 괜히 얄미웠다. 세상 모든 남친들, 남편들에게. 기찻길에서 찍어야 할 것은 기차가 아니다. 명심하시길, 기차는 거들 뿐!

이른 아침부터 숙소를 나설 채비를 했다. 하노이 여행의 마지막 날인 오늘은 주말을 맞은 하노이 새댁 부부와 함께 하노이 근교 투어를 하기로 했다. 주말에 쉬고 싶을 법도 한데 기꺼이 우리를 위해 로드 매니저와 투어 가이드를 자청했다. 보통 근교로 떠나는 여행이라 하면 오랜 시간 이동해야 하는 경우가 많다. 게다가 익숙하지 않은 현지 교통수단을 이용해야 하기에 불편하고 부담스럽기도 하다. 하노이 새댁 부부가 이 모든 불편함을 해결해 주었다. 덕분에 우린 몸만 가면 되는 아주 편안한 여행을 할 수 있게 됐다. 약속 장소에서 하노이 새댁 부부를 기다렸다. 길모퉁이였는데 지나가는 차마다 우리를 쳐다보는 것 같은 시선이 느껴졌다. 아마 예사스럽지 않은 우리의 패션 센스 때문이리라. 진한 파랑 바탕에 불규칙적인 패턴으로 화려하게 수놓인 꽃과 파인애플. 그렇다! 우린 동 쑤언 야시장에서 구입한 과일옷을 입고 나왔다. 이번 여행의 콘셉트로서 하노이 새댁 부부와 함께 커플로 입고 다니기로 한 것이다. 빵! 빵! 경적소리와 함께 차 한 대가 길모퉁이에 섰다. 창문이 내려가기도 전에 하노이 새댁 부부임을 눈치챘다. 옅게 선팅 된 차창 뒤로 어둡지만 선명하게 수박과 파인애플이 보였기 때문이다. 그렇게 과일남녀 두 커플의 하노이 근교 투어가 시작됐다.

하노이 근교 투어라 했을 때 가장 먼저 떠오른 곳은 하롱베이였다. 한때 베트남 여행 열풍이 불면서 각종 TV 여행 예능을 통째로 잠식했었던 곳. 베트남 여행기를 찾아보면 수도인 하노이보다 하롱베이가 훨씬 많을 정도였다. 그런데 우리 가는 곳은 그 흔한 하롱베이가 아닌, 흔하지 않은 하롱베이였다. 베트남 북쪽, 하노이에서는 남쪽에 있는 닌빈주에 위치한 짱안.

공식 명칭은 '짱안생태관광구역'. 고대 베트남 유적과 함께 석회암 산들이 병풍처럼 놓여있어 육지의 하롱베이로 불리는 곳이었다.

"요즘엔 여길 더 많이 가나 보지?"

"요즘 하롱베이 가면 죄다 한국 사람밖에 없어요. 짱안도 물론 관광객들이 많기는 한데 그래도 로컬들이 많이 찾는 곳이에요."

하노이 새댁에게는 다 계획이 있었다. 사실 난 하롱베이가 아니어서 내심 아쉬웠었는데 이유를 듣고 나니 얼른 짱안에 가고 싶어졌다. 하노이를 출발한 지 2시간쯤 지나 짱안에 도착했다. 짱안에서 해야 할 것은 딱 정해져 있었다. 보트 투어. 보트를 타고 홍강 삼각주를 둥둥 떠다니며 짱안 자연경관을 감상할 수 있었다. 우린 중간 길이의 코스로 선택했다. 앞으로 2시간가량은 화장실에 못 갈 테니 피치 못할 불상사를 막기 위해 미리 화장실을 다녀온 후 배에 탑승했다. 그리고 출발!

"와C~ 엄청 크다!!!"

짱안의 첫 느낌은 거대한 장벽이 앞을 딱 가로막고 있는 것 같았다. 도저히 넘을 수 없는 벽처럼 느껴졌다. 그런 벽이 한두 개가 아니었다. 앞뒤, 양옆으로 겹겹이 쌓여 그야말로 장관이었다. 이국적인 풍경을 넘어서 여기가 지구가 맞나 싶을 만큼 보면서도 계속 의심이 됐다. 그런 산들로 둘러싸인 강에서 배를 타고 천천히 거닐고 있으니 말로만 들어왔던 신선놀음이 바로 이런 게 아닐까 생각이 들었다. 대자연의 풍경에 압도되어 일시 정지된 듯 보고 있다가 지나가는 배에서 들려오는 카메라 소리에 정신을 차렸다. 그제야 나도 카메라를 켰다. 앉아서는 내가 원하는 모습이 한 프레임에 들어오지 않아 비스듬히 뒤로 더 젖혔다. 그래도 안 들어왔다. 눈보다 좋은 렌즈는 없다는 말을 새삼 몸소 체험했다. 또 한 가지 빼놓을 수 없는 것이 석회동굴이다. 보트 투어는 코스 길이에 따라 지나가는 동굴 개수가 다른데 우리가 선택한 중간 코스는 총 4개의 동굴을 지나갔다. 동굴을 지나갈 때 종종 정말 비좁은 구간이 나왔다. 천장의 높이가 유별나게 낮은 곳이 있엇다. 허리를 꼿꼿이 펴고 있다가는 이마빡을 거친 석회암 덩어리에 부딪힐 판이었다. 머리를 안 다치려면 폴더처럼 허리를 접어 상체와 머리를 보트에 바짝 밀착시켜야 했다. 그 상태로 긴 어둠의 시간을 버텨내고

밝은 빛을 통과하는 순간 다들 허리를 잡고 곡소리를 냈다.

4개의 동굴을 다 통과하고 나니 어느덧 배를 탄 지 2시간이 다 되어 가고 있었고 얼굴에도 지친 기색들이 역력했다. 이제 선착장으로 돌아가야 할 시간이 되었다는 뜻. 배를 타는 것은 힘들지만 막상 이곳을 떠나야 한다는 사실이 못내 아쉬웠다. 역시 사람은 간사한 동물이다. 힘들어할 때는 언제고. 그 와중에도 뒤돌아 본 짱안은 여전히 아름다웠다. 몇 시간을 봐도 질리지 않는 것. 그게 자연인 것 같다.

랜선 여행으로 끝나버린 여행 준비

'다음엔 어디 가지?'

하노이 여행 이후 언제나처럼 바로 다음 여행을 준비했다. 보통 여행지 선정은 한 번도 가보지 않은 곳, 완전히 다른 문화와 환경을 가진 곳을 선호하는데 자칭 여행자랍시고 여행 경험이 많지 않다 보니 사실 웬만한 곳은 다 나에게 새로운 곳이었다. 그럼에도 여행지 결정에는 어려움이 따랐다. 세상은 넓고 갈 곳은 많기에 선택지가 많아도 너무 많기 때문이다. 선택지를 줄이고자 지금까지 다녀온 여행을 되돌아보는 시간을 가졌다. 이름하여 여행 총 결산. 우선 굵직하게 대륙으로 묶어보았다. 5번의 아시아와 4번의 유럽. 생각보다 단출했다. 총 7대륙 중 고작 2대륙이라니. 나름 빨빨거리며 열심히 다녔다고 생각했는데 역시나 아직 난 여린이였다. 나 스스로에게 살짝 실망스러웠지만 주제 파악을 하고 나니 어디를 가야 할지가 명확해졌다. 오세아니아, 아프리카, 북미, 남미, 그리고 남극. 아직 밟아 보지 못한 대륙이다. 각 대륙을 대표하는 나라가 구구단처럼 떠올랐다. 오세아니아 호주, 아프리카 이집트, 북미 미국, 남미 아르헨티나. 방대한 대륙을 자랑하는 호주에서는 로드 트립을, 이집트에서는 여행자들의 블랙홀로 불리는 다합에서 다이빙을, 미국에서는 내 최애 스포츠인 NBA(미프로농구) 직관을, 아르헨티나에서는 모레노 빙하 위를 걸어보고 싶었다. 이제 선택지는 4개로 좁혀졌다. 하지만 4개 중에 하나 고르기도 결코 쉽지 않았다. 각 나라와 도시가 갖고 있는 매력이 다 달라 나 같은 욕심(만) 많은 여행자에게는 머리채 부여잡게 만드는 밸런스 게임이 따로 없었다. 한 치의 양보도 없는 팽팽한 균형은 새로 방영하는 한 예능 프로그램 예고편을 보자마자 한쪽으로 급격히 기울기 시작했다. JTBC의 트래블러. 강하늘, 안재홍, 옹성우, 이름만 들어도 훈훈한 세 남자의 여행기를 담은 여행 예능이었다. 이들이 간 곳은 다름 아닌 남미 아르헨티나였다. 이때부터 매주 트래블러를 본방사수하며 아르헨티나 여행을 준비했다. D-Day는 2020년 가을 황금연휴로 정했다. 연차를 아껴두었다 이때 몰아서 붙여 쿨하게 탕진할 계획이었다. 역시 여행은 준비할 때가 가장 설레는 법. 생각만 해도 입가에 미소가 가시질 않았다. 하지만 이토록 기대만빵이었던 아르헨티나 여행 준비는 아르헨티나 랜선 여행으로 허무하게 끝나버리고 말았다. 바로 코로나19 때문이다. 모든 여행이 멈춰버렸다.

코시국이 된지도 어느덧 1년이 훌쩍 넘었다. 꽉 막힌 마스크와 조였다 풀었다를 반복하는 방역수칙에 여전히 답답함을 느끼지만 그래도 이제는 어느 정도 적응해 꾸역꾸역 살아는 가고 있는 것 같다. 백신이나 트래블 버블과 같은 반가운 소식들도 종종 들려오고 있다. 물론 아직 여행은 시기 상조겠지만 분명 코시국의 끝은 있고 하늘길이 다시 열릴 날도 오리라 확신한다. 확신이 현실로 다가올 때쯤 지난 예능 다시 보기 이용권을 구매할 생각이다. 랜선 여행으로 끝나버린 트래블러 아르헨티나 편을 다시 보기 위해. 그때는 기필코! 랜선 여행이 아닌 여행 준비를 하리라! 그날을 위해 난 오늘도 존버하며 출근을 한다. 다시 여행하려고.

여행하려고 출근합니다

초 판 1 쇄   2021년 10월 10일
지 은 이   유의민
펴 낸 곳   하모니북

출판등록   2018년 5월 2일 제 2018-0000-68호
이 메 일   harmony.book1@gmail.com
전 화 번 호   02-2671-5663
팩   스   02-2671-5662

ISBN 979-11-6747-015-7 03980
ⓒ 유의민, 2021, Printed in Korea

값 18,800원

색깔 있는 책을 만드는 하모니북에서 늘 함께 할 작가님을 기다립니다.
출간 문의 harmony.book1@gmail.com